Kai Alexander Quante

Nano-Aquaristik

Praxis, Tipps und Tiere für kleine Aquarien

82 Fotos
7 Zeichnungen

Ulmer

Vorwort

Liebe Leserinnen und Leser,
das vorliegende Buch soll all denjenigen, die sich mit der Nano-Aquaristik des Süßwassers beschäftigen wollen, Tipps und Tricks aus der Praxis liefern. Es ist sowohl für Anfänger als auch für erfahrene Aquarianer gedacht, denn es fasst persönliche Erfahrungen zusammen und soll auf diese Weise Anregungen für die eigenen Aquarien geben.

Anfang der 1990er Jahre machte ich meine ersten Erfahrungen mit der Nano-Aquaristik, die damals noch nicht so hieß. Damals waren es einfach kleine Aquarien, die man benutzte, weil man nicht viel Platz hatte. In meiner Studentenbude vermehrten sich die Aquarien auf dem üblichen Wege. Die ersten Nachzuchten benötigten absehbar ein neues Aquarium. Und so kam ein Becken zum anderen. Haltungs- und Zuchtversuche mit verschiedenen Arten zeigten, was in diesen meist kleinen Aquarien möglich oder auch nicht möglich ist. So kann ich die Erfahrungen aus über 20 Jahren Nano-Aquaristik in diesem Buch wiedergeben.

Mein Augenmerk ist nicht das Aquascaping, wie die verkleinerte Abbildung der (und nicht nur der) Unterwasserwelt heißt. Ich möchte ein Aquarium langfristig und mit Tierbesatz pflegen. Daher geht es in diesem Buch vor allem um die erfolgreiche Pflege von Fischen und Wirbellosen in kleinen Aquarien.

Im umfangreichen Artenteil stelle ich einige sehr bekannte und weniger bekannte Tiere vor. Die Auswahl ist so getroffen, dass sie auf andere Arten mit ähnlichen Ansprüchen an Haltung und Pflege übertragen und somit verallgemeinert werden kann. Auch auf Aqua-Terrarien gehe ich kurz ein. Die anwendbare Praxis steht im Mittelpunkt des Buches. Soweit notwendig, beschreibe ich das theoretische Hintergrundwissen, das für jeden Aquarianer notwendig und insbesondere in der Nano-Aquaristik von Bedeutung ist.

Ich bedanke mich bei den Weggefährten in der Aquaristik-Szene, die mir im Aquarienclub Braunschweig e. V., dem VDA-Arbeitskreis Wirbellose in Binnengewässern, der Internationalen Gemeinschaft Barben-Salmler-Schmerlen-Welse und privat durch intensiven Erfahrungsaustausch geholfen haben. Dank auch an meinen Freund Eckhard Fischer, den ich vor einigen Jahren mit dem Nano-Aquaristik-Virus infiziert habe und der dieses Buch als erfahrener Aquarianer korrekturgelesen und kritisch hinterfragt hat.

Besonders herzlich danke ich meiner Frau Valeria, die mir wertvolle Anregungen und Fragestellungen für dieses Buch geliefert und mich immer unterstützt hat.

Ihnen als Aquarianerin und Aquarianer wünsche ich viel Spaß mit dem Buch und hoffe, Ihnen einige Anregungen, Ideen und Tipps mit auf Ihren Weg in die Nano-Aquaristik geben zu können.

Braunschweig — Kai A. Quante

Nano-Aquarien einrichten

21

Pflanzen für das Nano-Aquarium

Infobox

Checkbox

33

Tiere im Nano-Aquarium pflegen

Infobox

Checkbox

45

Nano-Fische und Wirbellose

Checkbox

Service

Nano-Aquarien einrichten

Die Nano-Aquaristik wird immer beliebter. Viele Hersteller bieten inzwischen verschiedenste Aquarien samt Technik, Komplettsysteme sowie diverse Mittelchen für die Nano-Aquaristik an. Da die kleinen Aquarien kaum Platz benötigen, kann man sie bereits auf dem Schreibtisch aufstellen. Man findet auch in jedem Haushalt ein passendes Plätzchen. Damit steigt die Anzahl der Aquarianer stetig an, und Nano-Aquarien bilden dabei die Einstiegsdroge.

In der Aquaristik ist der Ansatz „je kleiner, desto einfacher" leider nicht zutreffend. Je größer ein Aquarium ist, desto stabiler ist sein Lebensraum und desto leichter verzeiht es Pflegefehler, die insbesondere Einsteigern leicht unterlaufen. Kleine Aquarien bedürfen einer besonderen Pflege und fordern vom Besitzer viel Aufmerksamkeit.

Für mich ist gerade der Reiz, ein kleines Biotop in meiner unmittelbaren Nähe zu haben, eine besondere Freude. Ich muss nicht in den Aquarienkeller gehen, um meine Fische und Garnelen zu beobachten. Direkt neben mir auf dem Schreibtisch ziehen Zwergbuntbarsche ihre Jungen auf und schauen mir die Schlammspringer bei der Arbeit zu. Nano-Aquarien kann man gerade in den Bereichen aufstellen, in denen man sich häufig aufhält, beispielsweise auf dem Schreibtisch, in der Küche oder sogar im Schlafzimmer.

Was ist Nano-Aquaristik?

Nano-Aquaristik ist bezüglich der Aquariengröße nicht genau definiert. Der Begriff *Nano* ist abgeleitet vom griechischen *nannos* oder dem lateinischen *nanus* und bedeutet „Zwerg", was zumindest andeutet, dass diese Aquarien kleiner sind als andere.

Bedeutet Nano-Aquaristik eventuell, dass die Mindestanforderung an die Haltung von Zierfischen (Süßwasser), die das Bundesministerium für Ernährung, Landwirtschaft und Verbraucherschutz (www.bmelv.de) im Jahr 1998 definiert hat, bezüglich der Aquariengroße nicht erfüllt wird? Dort wird kein Fisch aufgeführt, der langfristig in Aquarien von weniger als 54 l Volumen gehalten werden sollte. Allerdings wird außerdem angemerkt, dass zur Zucht oder zur Zuchtvorbereitung, für Ausstellungen und Wettbewerbe sowie für die Pflege besonders kleiner Arten abweichende Behältergrößen zulässig sind.

Oder ist sogar alles, was wir in der Aquaristik betreiben, im Vergleich zur Natur extrem Nano? Denn nahezu alle natürlichen Biotope sind weitaus größer als das, was wir an Aquarien zu Hause haben. Auch ein 3000-l-Aquarium für Malawibuntbarsche bietet den Fischen nur einen winzigen Bruchteil des Platzes, der ihnen im Malawisee zur Verfügung steht. Ich habe dazu vor einigen Jahren einmal in einem Artikel geschrieben: „Im Vergleich zur Natur ist ein Aquarium nur eine Pfütze, die der Mensch zu einem wunderbaren Ort des Lebens verwandeln kann."

Daher möchte ich auch hier das, was sich im Allgemeinen als Größe für Nano-Aquarien durchgesetzt hat, verwenden. In diesem Buch sind alle Aquarien bis 30 l Inhalt als Nano-Aquarien zu verstehen. Aquarien mit weniger als 20 l Volumen sind dabei nicht mehr für Fische geeignet. In solchen Aquarien können, wenn überhaupt, nur noch Wirbellose und Pflanzen erfolgreich gepflegt werden.

Was zu beachten ist

Auch wenn man denkt, dass kleine Aquarien einfach zu pflegen sind, so stellen sie doch eine größere Herausforderung als viele „normale“ Becken dar.

1. Technik, die man für größere Aquarien verwendet, ist häufig aufgrund der Leistung und der Größe nicht für kleine Aquarien geeignet.
2. Heizung, Filterung und Beleuchtung müssen den Ansprüchen der Nano-Aquaristik gerecht werden und dürfen nicht zu stark sein.
3. Einrichtungsgegenstände wie manche Wurzeln und Steine passen nicht in derartig kleine Becken.
4. Viele Pflanzenarten werden zu groß oder wachsen zu schnell, um für Nano-Aquarien geeignet zu sein.
5. Die Wasserchemie stabil zu halten ist nicht einfach, da beispielsweise eine leichte Überfütterung bereits Auswirkungen auf Stickstoffbelastung und pH-Wert haben kann. Ebenso haben Pflanzen durch die Fotosynthese tagsüber einen Einfluss auf die Wasserchemie, der sich nachts ohne Licht wiederum verändert.
6. Durch die Umgebungstemperatur kann sich ein kleines Aquarium im Sommer schneller aufheizen und im Winter abkühlen.
7. Aggressive oder territoriale Fische können sich nicht aus dem Weg gehen.
8. Ein rundum einsehbares Aquarium bietet den Tieren kein Gefühl von Schutz.

Aquarien bis 30 l

Da wir uns hier mit der Nano-Aquaristik beschäftigen, sprechen wir von Aquarien, die – wie oben beschrieben – bis etwa 30 l Volumen aufweisen. Verschiedene Firmen bieten inzwischen Aquarien zwischen 10 und 30 l Inhalt an, die komplett mit Beleuchtung, Filter und Heizung ausgestattet sind. Dennoch gilt weiterhin die Regel: je größer, desto einfacher.

Ursprünglich wurden diese kleinen Aquarien nur zur Pflege von Zwerggarnelen angeboten. Doch vermehrt dienen sie auch der Haltung und Zucht von Fischen. Für deren Pflege sollte die Grundfläche nicht weniger als 30 cm × 25 cm betragen. Bei den meisten kleinen Fischarten ist die Höhe des Aquariums zweitrangig, denn sie kommen in der Natur teilweise sogar bei Wasserständen von nur 10 cm vor. Nach meiner Erfahrung ist es wichtig, dass das Aquarium abgedeckt ist, denn damit verhindert man, dass zuviel Wasser verdunstet oder Fische und Wirbellose das Wasser verlassen können.

Auch wenn ein kleines Aquarium fast überall seinen Platz findet, sollte man beim Aufstellungsort doch einige Regeln beachten. Aufgrund der geringen Wassermenge kann sich ein solches Aquarium schnell aufheizen oder auch abkühlen. Standorte in der Sonne oder über der Heizung sind aufgrund der möglichen Erwärmung nicht geeignet. Da beim Hantieren mit oder im Aquarium immer etwas Wasser nach außen gelangen kann, sollten sich unter oder direkt neben dem Aquarium keine wichtigen Dokumente oder Steckdosen befinden. Ein etwas ruhigeres Plätzchen mit wenig Hektik vor dem Aquarium ist sinnvoller, weil nicht nur wir Aquarianer in das Aquarium hinein-, sondern auch die Fische hinausschauen können und aufgrund der geringen Aquariengröße kaum Rückzugsmöglichkeiten vorhanden sind.

Ein 30-l-Aquarium sieht klein aus, kann aber komplett eingerichtet gut 40 kg wiegen. Daher müssen das Regal, der Schrank oder der Tisch, auf dem das Aquarium stehen soll, entsprechend stabil sein. Dort, wo man

Sichtschutz

Auch wenn man ein Aquarium teils als „Raumteiler“ verwendet, um von beiden Seiten hineinschauen zu können, so ist für die meisten Fische eine Rückwand doch angenehmer. Fische können genauso gut aus dem Aquarium herausschauen wie wir hinein. Daher bietet eine Rückwand zumindest Schutz von einer Seite.

Ruhe benötigt, wie zum Beispiel im Schlafzimmer oder auch im Büro, sollte man sich gut überlegen, ob man ein Aquarium aufstellt. Durch den Filter – ob motor- oder luftbetrieben, ist dabei fast gleichgültig – entstehen Geräusche, die auf Dauer störend sein können.

Bei Nano-Aquarien ist es sehr schwer, einen Ausschnitt der Natur nachzubilden. Das, was für uns ästhetisch und natürlich aussieht, hat häufig mit den natürlichen Biotopen nichts zu tun. Wasserpflanzen und klares Wasser sind in der Natur selten. Dennoch stört es die Fische nicht, wenn wir das Aquarium nach unseren Wünschen einrichten und dennoch ihre Grundbedürfnisse beachten. So benötigen viele Tiere Rückzugsmöglichkeiten in Pflanzen oder Höhlen, um allzu aufdringlichen Mitbewohnern oder Aquarianern aus dem Weg zu schwimmen. Entsprechend geschickt eingerichtete Aquarien mit freiem Schwimmraum und Versteckmöglichkeiten sind daher notwendig. Diese Kreativität ist umso mehr vom Aquarianer gefordert, da im kleinen Aquarium nur wenig Raum zur Verfügung steht.

Ein Nano-Aquarium bietet nicht viel Platz für Gestaltungsmöglichkeiten. Daher sollte noch mehr Wert auf die Planung der Einrichtung gelegt werden. Bodengrund, Steine, Wurzeln, Höhlen und Pflanzen sind entsprechend der Bedürfnisse der tierischen Mitbewohner zu wählen. Da in einem solch kleinen Aquarium voluminöse Filter keinen Platz finden, kommen Bodengrund und Pflanzen eine wichtige Aufgabe zu. Pflanzen, die schnell wachsen, sind für ein kleines Aquarium eher ungeeignet, da zu häufige Umpflanzaktionen nicht angebracht sind.

Ich möchte hier beispielhaft ein paar mögliche Aquarieneinrichtungen vorstellen, denen meine Erfahrungen zugrunde liegen. Andere Aquarianer werden andere Erfahrungen gemacht haben. Probieren Sie aus, was Ihnen am besten gefällt und was bei Ihnen am besten funktioniert.

Wahl des Bodengrunds

Der Bodengrund sollte so gewählt werden, dass der sich im Aquarium ansammelnde oder bewusst eingebrachte Mulm nicht im Boden versinkt. Außerdem soll der Bodengrund die Färbung der Tiere unterstützen. Die meisten Tiere fühlen sich auf dunklem Bodengrund wohler und zeigen intensivere Farben. Ich verwende meist dunkelgrauen oder braunen Boden-

Kleine Panzerwelse mögen sandigen Boden zum Wühlen.

Bodengrund

In Aquarien, in denen nur Aufsitzerpflanzen wie Farne und Speerblätter verwendet werden, ist der Bodengrund bei mir nur etwa 1–2 cm hoch. Dies erhöht das Wasservolumen und Fäulnisherde im Bodengrund können wegen der dünnen Bodenschicht nicht entstehen. Außerdem kann ein solches Aquarium schnell ausgeräumt werden.

Giftstoffe

Will man Steine für das Aquarium verwenden, muss man darauf achten, dass sie keine metallischen Einschlüsse haben oder Giftstoffe ans Wasser abgeben. Steine, die bunt schimmern oder farbige Kristalle enthalten, nimmt man lieber nicht.

grund aus rundem Kies mit Korngrößen von 1 bis 2 mm. In Aquarien mit wurzelbildenden Pflanzen sollte der Bodengrund so hoch sein, dass die Pflanzen ausreichend Halt finden. Eine intensive Düngung der Pflanzen kann unterbleiben, da wir aufgrund des Platzes sowieso langsam wachsende Pflanzen bevorzugen. Feiner Sand ist hier zu vermeiden, weil er keinen Wasseraustausch im Boden zulässt und sich somit Fäulnisherde bilden können.

Struktur durch Steine

Steine sind interessante Einrichtungsgegenstände im Aquarium. Ob helle Flusskiesel oder raues Lavagestein – es gibt für jeden Geschmack etwas. Zunehmend sind im Fachhandel Steine zu kaufen, die wie Gebirgs- oder Felslandschaften wirken. Sie können gut für ein kleines Aquarium verwendet werden, entsprechen allerdings meist nicht den in natürlichen Gewässern vorkommenden Steinen, die eher rund sind.

Je mehr Steine verwendet werden, desto weniger Wasser steht im Aquarium zur Verfügung, so dass der Schwimmraum der Fische entsprechend verkleinert wird. Auch wenn diese schönen Steine im Laden und im neu eingerichteten Becken sauber und farbig aussehen, so werden sie dennoch bald von einer natürlichen Algenschicht überzogen.

Das bekannte weiße Lochgestein, das häufig in Buntbarschaquarien genutzt wird, enthält Kalk. Es sollte daher nur dann verwendet werden, wenn eine Erhöhung der Härte und des pH-Wertes gewünscht ist. Übrigens kann man ganz einfach testen, ob Steine kalkhaltig sind. Wenn man Essigessenz auf den Stein träufelt und es dann anfängt zu blubbern, weist das auf Kalk hin.

Schiefer wird gern und häufig im Aquarium verwendet. Da es verschiedene Schiefertypen gibt, die teilweise nicht geeignet sind, sollte man am besten auf den Schiefer aus dem Handel zurückgreifen.

Ein Nano-Aquarium, in dem ein größerer Stein den Mittelpunkt bildet.

Dünne, mit etwas Moos bewachsene Äste sind ein Hingucker und bilden einen schönen Kontrast zu *Cryptocoryne parva* am Boden.

Wurzeln und Äste

Wurzeln und abgestorbene Äste gehören in natürlichen Gewässern zu den wichtigsten und häufigsten Strukturelementen, zwischen denen sich Wirbellose gern aufhalten und in deren Wirrwarr sich Fische verstecken. Nicht geeignet für das Aquarium sind allerdings frische Äste oder Weichhölzer, da sie im Wasser schnell gammeln und es damit belasten. Für das Aquarium verwendet man nur Hölzer, die sich im Wasser lange halten und nicht faulen. Außerdem muss das Holz schwer genug sein, um nicht an der Wasseroberfläche zu schwimmen.

Am häufigsten wird in der Aquaristik Moorkienholz verwendet. Moorkienholz besteht aus den Überresten toter Baumwurzeln und Ästen, die viele Jahre lang im Wasser oder im Moor gelegen haben. Für ein Nano-Aquarium verwendet man dünnes Holz, das stark verästelt ist. Das Holz muss vor der Verwendung lange gewässert werden, um abzusinken und nicht mehr zu viele Huminstoffe abzugeben, die das Wasser braun einfärben und den pH-Wert senken.

Gekauftes Holz kocht man eine Zeit lang ab, um Schimmelbildung zu verhindern, und wässert es dann noch etwa zwei bis vier Wochen lang. Gelegentlich gibt es schon entsprechend vorbereitetes Holz im Fachhandel zu kaufen. Verschiedene Pflanzen können darauf wachsen und für kletternde Tiere wird mehr Bewegungsfläche geschaffen.

Laub auf dem Boden

Abgestorbenes Laub von Bäumen ist in den natürlichen Gewässern der häufigste Aufenthaltsort von Zwerggarnelen und teilweise auch von Fischen. Dort finden sie in der dichten Detritusschicht Schutz und Nahrung. Einige Fische bauen unter Blättern sogar ihre Nester, wo sie sicher vor Fressfeinden sind.

Ein Rotflossen-Saugwels, *Parotocinclus maculicauda*, liegt zwischen Laub und der Graspflanze *Lilaeopsis mauritiana* im Vordergrund.

Trockenes Laub von Eiche und Buche eignet sich am besten, da es sich lange im Aquarium hält. Man kann es im Herbst und Winter im Wald sammeln. Bäume aus Städten oder an viel befahrenen Straßen sollten dabei nicht als Blattlieferanten dienen, da das Laub durch die Abgase belastet ist. Im Fachhandel kann man Seemandelbaumblätter kaufen, die mit bis zu 15 cm recht groß sind, sich aber mit einer Schere entsprechend verkleinern lassen. Ihnen wird eine antibakterielle Wirkung nachgesagt, weshalb sie gewissermaßen als Medizin in der Aquaristik verwendet werden können.

Rückwand – Deko und Schutz

Da Aquarien häufig nicht rundherum eingesehen werden, muss man überlegen, wie man den Hintergrund gestaltet. Eine von außen aufgeklebte Rückwandfolie verhindert den Blick durch das Aquarium, wirkt allerdings nicht natürlich. Eine Bepflanzung mit Stängelpflanzen im Hintergrund, wie es bei großen Aquarien gut möglich ist, ist im Nano-Aquarium kaum zu realisieren, da dazu der Platz fehlt. Ich bevorzuge flache Strukturrückwände,

Eine Rückwand schließt das Aquarium nach hinten ab, gibt den Fischen Rückhalt und man kann daran auch Pflanzen befestigen.

die ins Aquarium geklebt oder geklemmt werden. Sie sind nur maximal 3 cm dick und nehmen somit kaum Platz weg. An ihnen können Pflanzen wie Moose oder Speerblätter befestigt werden. Eine Strukturrückwand erweitert für Krebse und Garnelen die gefühlte Lebensraumgröße beträchtlich, da sie daran auch emporklettern können.

Höhlen für Welse, Buntbarsche und Krebse

Höhlen sind für Harnischwelse, Zwergbuntbarsche und Krebse in der entsprechenden Größe ein wichtiger Einrichtungsgegenstand und sollten nicht fehlen. Krebse und Harnischwelse benötigen längliche Höhlen, in die sie gerade hineinpassen. Dazu eignen sich getöpferte Röhren oder gewässerte Bambusrohre. Viele Zwergbuntbarsche der Gattung *Apistogramma* bevorzugen rundliche Höhlen, wie man sie aus Kokosnussschalen leicht herstellen kann. Außerdem kann man sich Höhlen aus Steinen oder geeignetem Schiefer mit Aquariensilikonkautschuk selbst zusammenkleben.

Der Vorteil von Höhlen aus Ton oder Steinen ist, dass sie sich nicht mit der Zeit auflösen. Tonhöhlen kann man individuell formen und verschiedene Tonfarben verwenden, um eine gewisse Natürlichkeit zu gewinnen.

Bei Bambus ist darauf zu achten, dass er nicht lackiert oder anderweitig behandelt wurde. Man kann ihn recht gut mit einer einfachen Säge schneiden. Da er trocken nicht absinkt, muss man ihn je nach Trockengrad etwa zwei Wochen lang wässern. Dabei bildet sich meist eine unangenehme Schleimschicht auf der Oberfläche, die man allerdings einfach abwaschen kann und die nach meiner Erfahrung für die Tiere ungefährlich ist. Will man das weitestgehend verhindern und den Wässerungsprozess beschleunigen, kann man den Bambus in Wasser abkochen.

Bei Kokosnüssen verwendet man nur das Äußere und nichts von der inneren Frucht. Sie sind extrem hart, was die Benutzung entsprechend scharfer und stabiler Sägen erfordert. In Kombination mit der schlechten Handhabbarkeit der Nüsse ist das leider eine Herausforderung. Vorsicht ist geboten, um sich nicht zu verletzen. Enthält die Kokosnuss noch Flüssigkeit, kann man diese entfernen, indem man mit dem Schraubendreher Löcher in die drei weichen Stellen an dem einen Ende der Nuss bohrt. Nun kann man die Kokosmilch ablassen, bevor man sie beim Sägen verschmiert.

Bepflanzte Höhlen

Will man die Höhlen mit *Anubias* oder Javafarn bepflanzen, was aufgrund der rauen Oberfläche gut möglich ist, versieht man größere Höhlen mit entsprechenden Löchern. Durch diese Löcher kann man zum Beispiel Kabelbinder oder Angelschnur ziehen, mit denen man die Pflanzen, bis sie angewachsen sind, am Substrat fixiert.

Zwergbuntbarsche, wie hier ein *Apistogramma-baenschi*-Weibchen, benötigen Höhlen und führen ihre Jungen durch dichtes Pflanzengestrüpp.

Unkomplizierte Technik

Technik im Aquarium ist immer wieder ein Diskussionspunkt. Die einen versehen ihre Aquarien innen und außen mit technischem Schnickschnack und die anderen verzichten ganz darauf. Ich denke, man muss den richtigen Mittelweg finden und wissen, was man erreichen will. Bei Nano-Aquarien kommt hinzu, dass ein solch kleines Becken nur wenig Platz bietet, um Technik unterzubringen. Außerdem trübt umfangreiche Technik den unbeschwerten Blick auf Pflanzen und Tiere. Daher wählen wir die Geräte so unscheinbar und klein wie möglich aus. Ich möchte nachfolgend auf die wesentlichen Punkte Heizung, Filterung und Beleuchtung eingehen.

Ist eine Heizung nötig?

Wir sind es gewohnt, dass Aquarien zu heizen sind. Wir nutzen Aquarienthermometer, bei denen uns suggeriert wird, dass das Temperaturoptimum bei 25 °C liegt. Also stellen wir unseren Heizstab entsprechend ein. Es ist aber wichtiger, die Temperaturansprüche der Aquarienbewohner zu berücksichtigen und entsprechend angepasst zu heizen.

Manchmal können wir sogar auf eine Heizung verzichten. In einer Wohnung, in der die Zimmertemperatur zwischen 18 und 22 °C liegt, wird die Aquarientemperatur leicht darüber liegen, weil Licht und eventuell Motorinnenfilter das Wasser zusätzlich aufheizen. Bei Fischen, Wirbellosen und Pflanzen, die den Temperaturbereich bis 22 °C bevorzugen, kann auf eine Heizung verzichtet werden. Wird eine Heizung eingesetzt, sollte diese ein sehr gutes Thermostat haben, mit dem man die Temperatur genau einstellen kann. Dies ist wichtig, um eine Überhitzung zu vermeiden. Heizstäbe um 25 W reichen dabei in der Regel aus.

Wasser kühlen

Es gibt verschiedene Möglichkeiten, Wasser abzukühlen. Wasser hat eine sehr hohe Wärmekapazität. Es kann also sehr gut Wärme speichern und man muss viel Energie aufwenden, um Wasser zu erhitzen beziehungsweise zu kühlen.

Häufig wird als Lösung Eis ins Wasser gegeben. Wer glaubt, mit ein paar Eiswürfeln aus dem Gefrierfach eine merkliche Temperatursenkung bewirken zu können, irrt sich. Denn um das Wasser in einem 30-l-Aquarium um 5 °C abzukühlen, benötigt man etwa 1 kg Eis aus dem Gefrierschrank. Allerdings sollte man beachten, dass Fische kein Temperaturempfinden wie wir Menschen haben. So können sie sich an einem Heizstab verbrennen oder an einem Eiswürfel Erfrierungen zuziehen, ohne es zu spüren. Daher geben wir die Eiswürfel in einen schwimmenden Ablaichkasten oder nehmen (noch besser und weniger arbeitsintensiv) einen Wasserwechsel mit kühlerem Wasser vor.

Welche Alternative gibt es? Es kommt uns zugute, dass nicht nur der Zustandsübergang von Eis zu Wasser viel Energie verbraucht, sondern auch die Verdunstung von Wasser. Der Energieaufwand ist sogar fast siebenmal so hoch. So reicht die Verdunstung von 200 ml Wasser aus, um den gleichen Effekt wie die Kühlung mit 1 kg Eis zu erreichen. Die Verdunstung erfolgt dabei über die Wasseroberfläche des Aquariums. Damit keine mit Wasser gesättigte Luftschicht über dem Aquarium steht, öffnet man die Abdeckung und bläst zum Beispiel mit einem kleinen Computerlüfter auf die Wasseroberfläche. Man sollte jedoch darauf achten, dass kein Tier aus dem Becken klettern oder springen kann. Der zunehmenden Sättigung der Zimmerluft mit Wasser wirkt man mit Lüften entgegen.

Das verdunstete Wasser ersetzt man möglichst durch destilliertes Wasser, da sich bekanntlich nur das reine Wasser und nicht die darin enthaltenen Stoffe in Luft auflösen. Allerdings sind Temperaturabsenkungen über wenige Grad hinaus bei einer hohen Außentemperatur kaum möglich, denn über die Zimmertemperatur wird das Aquarium wieder aufgeheizt.

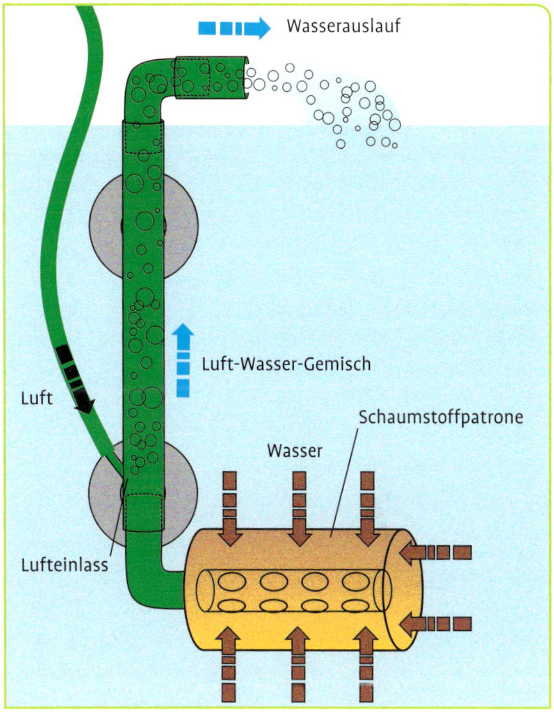

Schaumstoffpatronenfilter: Luft wird feinperlig in das Steigrohr mittels einer Luftpumpe gepumpt, steigt nach oben und zieht Wasser mit, das durch den Filterschwamm gesogen wird und dann oben wieder austritt.

Wird das Wasser im Sommer durch entsprechende Umgebungstemperaturen und die zusätzliche Beleuchtung zu warm, muss gekühlt werden. Eine zu hohe Temperatur kann insbesondere aufgrund des sinkenden Sauerstoffgehalts für die Aquarientiere kritisch werden. Am effektivsten kann dies durch kontinuierliche Verdunstung erreicht werden, die dem Wasser Energie in Form von Wärme entzieht.

Für die meisten Arten ist eine Schwankung der Wassertemperatur um bis zu 5 °C unschädlich, ja sogar wünschenswert, da sie die Vitalität der Tiere steigert. Auch in der Natur kann es nämlich durch Regenfälle oder unterschiedliche Sonneneinstrahlung kurzfristig zu Temperaturschwankungen von mehreren Grad kommen. Ein 50%iger Wasserwechsel mit 10 Grad kälterem Wasser kühlt das Aquarium um 5 Grad ab.

Filterung durch Schaumstoff

Eine sehr gute Wasserqualität ist das entscheidende Kriterium für die erfolgreiche Haltung und Zucht unserer Aquarienbewohner. Dabei sind die durch die Filterung erreichte Wasserqualität und der Sauerstoffgehalt entscheidend. Durch einen Filter wird das Wasser einerseits gereinigt und andererseits bewegt. Schweb- und Trübstoffe werden mit einem Filter mechanisch entfernt. Im Aquarium übernehmen zusätzlich Bakterien die Reinigung des Wassers, indem sie unerwünschte chemische Verbindungen in weniger schädliche umwandeln. Nitrat ist dabei gewissermaßen das Endprodukt des Filterungsprozesses und dient unmittelbar oder in einer Vorstufe der Düngung der Pflanzen. Für das Trinkwasser ist in Deutschland ein Grenzwert von 50 mg/l Nitrat festgesetzt, was für einige Fische und Wirbellose bereits kritisch sein kann. Im Aquarium sollte der Wert soweit möglich nicht über 20 mg/l liegen, was durch regelmäßige Wasserwechsel mit unbelastetem Wasser erreicht werden kann.

Schadstoffe

Durch Fütterung oder tote Tiere wird das Wasser belastet. Stoffe, die nicht von Pflanzen zum Wachstum aufgenommen werden, reichern sich im Aquarienwasser an und können nur durch Wasserwechsel aus dem Aquarium entfernt werden. Das Hinzufügen zusätzlicher Chemikalien, die suggerieren, dass man weniger Wasserwechsel durchführen muss, sollte mit Vorsicht betrachtet werden. Denn auch sie können nicht verhindern, dass sich Schadstoffe im Wasser anhäufen, und binden sie nur temporär.

Ein Filter kann nichts aus einem Aquarium entfernen, sondern nur Schwebstoffe aus dem Wasser binden und durch Filterbakterien dafür sorgen, dass chemische Prozesse unterstützt und Stoffe in andere umgewandelt werden. Wenn man dem Wasser etwas hinzufügt, wie es zum Beispiel durch Fütterung erfolgt, muss es auch wieder aus dem Aquarium entfernt werden. Entweder geschieht das, indem man überschüssige Pflanzen, die Stoffe aus dem Wasser aufgenommen haben, aus dem Wasser entfernt oder – einfacher – durch Wasserwechsel.

Wenn beabsichtigt ist, im Aquarium zu züchten, muss darauf geachtet werden, dass die kleinen Jungtiere nicht in den Filter gelangen. Das wäre leicht möglich, sofern es sich um einen mit Motor betriebenen Filter handelt. Die Wahrscheinlichkeit, dass die Babys durch das Pumprad erschlagen werden, ist äußerst hoch. Daher benutze ich in Zuchtaquarien Filter mit Lufthebertechnik. Aufgrund der geringen Ansaugwirkung und der Anreicherung des Wassers mit Sauerstoff sind sie hervorragend für solche Aquarien geeignet. Die Technik bei all diesen Filtern ist gleich. Luft wird mittels einer Pumpe unter Wasser in ein Rohr geblasen. Die in Blasen aufsteigende Luft zieht das Wasser mit und tritt oben im gebogenen Rohr wieder aus. Das angesaugte Wasser fließt vor Eintritt in das Rohr durch einen Filterschwamm. Je feinperliger die Luftblasen sind, desto mehr Wasser wird transportiert und desto effektiver funktioniert der Filter.

Bakterien

Bakterien sind die Wasserreiniger im Aquarium. Da Filterbakterien nicht frei im Wasser umherschwimmen, sondern an Substraten leben, benötigen sie einen festen Platz, an dem sie Kontakt zu Wasser und auch zu Sauerstoff haben. Daher benötigt man ein Filtermaterial mit einer großen Oberfläche, auf der sich die Bakterien ansiedeln können. Je kleiner die Poren eines Filterschwamms sind, desto größer ist die von den Bakterien zu besiedelnde Oberfläche. Allerdings setzen sich zu kleine Poren auch schneller zu.

Der schöne braune Mulm, der sich im Filter ansammelt, besteht zum größten Teil aus den wertvollen Filterbakterien. Dieser saubere Dreck ist das Lebenselixier eines jeden Aquariums. Und wer penibel darauf achtet, dass sein Bodengrund mit der Mulmglocke blitzblank gehalten wird und sein Filter nie die schöne braune, modderige Farbe bekommt, wird auch keine Freude an der Aquaristik haben. In meinem Zwergflusskrebs-Aquarium sorge ich bewusst dafür, dass eine bis 1 cm hohe Mulmschicht am Boden ist, da sich insbesondere die Jungtiere erst dann wohlfühlen. Wer schon erfolgreich Panzerwelse gezüchtet hat, wird mir zustimmen, dass es eigentlich keinen besseren Bodengrund für Aufzuchtbecken als schönen Mulm gibt. Denn darin enthalten sind die vielen Kleinstlebewesen, die den Jungtieren Futter liefern und somit Freude bereiten.

Die Zwerg-Tigergarnele, *Caridina* cf. *cantonensis*, bevorzugt im Vergleich zu ihren Verwandten leicht alkalisches Wasser von pH 7 bis 7,5.

Wichtig dabei ist darauf zu achten, dass der Filterschwamm nicht verstopft. Lässt er kaum noch Wasser durch, muss er ausgewaschen werden. Das darf auf keinen Fall mit heißem Wasser erfolgen, da sonst die Filterbakterien abgetötet werden. Ich wasche meine Filterschwämme aus, wenn ich einen kleinen Wasserwechsel mache. Dazu drücke ich den Filterschwamm im Eimer mit dem alten Aquarienwasser so lange aus, bis er wieder schön weich ist. Bei Aquarien mit Krebsen und Garnelen gebe ich einen Teil des sich am Boden absetzenden Filterschlamms wieder ins Aquarium, da er eine sehr gute Nahrungsgrundlage für die kleinen Krabbler darstellt.

Bei einem regelmäßigen Wasserwechsel ein- bis zweimal pro Woche kann sogar auf die Filterung vollständig verzichtet werden. Auch hängen die benötigte Filterung und der Wasserwechsel von der Menge der Tiere und somit der Menge an Futter ab, die ins Aquarium eingebracht wird.

Hell oder dunkel?

Bei der Beleuchtung von Nano-Aquarien sind wir von dem abhängig, was die Hersteller der Aquarien einbauen. Das sind meistens kleine Leuchtstofflampen oder Halogenleuchten. Sie sind für eine normale Aquarienbepflanzung ausreichend, reichen allerdings meist nicht für sehr lichthungrige Arten aus. Bedenken Sie, dass bei intensiver Beleuchtung und gewünscht starkem Pflanzenwachstum die Pflanzen entsprechend viel Nährstoffe und auch CO_2 benötigen. Das heißt, dass häufigere Wasserwechsel, Düngergaben und CO_2-Düngung notwendig sind.

Sehr viele Tiere, die wir im Nano-Aquarium halten, fühlen sich bei weniger intensiver Beleuchtung wohler, und ihre Farben kommen besser zur Geltung. Wir wählen daher das Aquarium, das uns gefällt, und passen die vom Licht abhängige Bepflanzung den Möglichkeiten an.

Unbelastetes Wasser

Die Qualität des verwendeten Wassers spielt für die erfolgreiche Haltung und Zucht der Aquarientiere und Pflanzen eine wesentliche Rolle. Pauschal kann man nicht sagen, ob hartes oder weiches Wasser verwendet werden soll und ob sauer besser ist als basisch. Beides hängt von den gehaltenen Arten ab und wird daher in den Artbeschreibungen näher erläutert.

Wasserhärte

Wasser enthält mehr oder weniger große Mengen an Kalzium- und Magnesiumsalzen. Hauptsächlich sind dies Karbonate (chemische Verbindungen mit Kohlenstoff und Sauerstoff) und Sulfate (chemische Verbindungen mit Schwefel und Sauerstoff). Daneben kommen auch noch andere Salze vor, die allerdings bei der Wasserhärte von untergeordneter Bedeutung sind. Je höher der Gehalt eines Wassers an Magnesiumkarbonaten und -sulfaten beziehungsweise Kalziumkarbonaten und -sulfaten ist, desto härter ist das Wasser. Je geringer die Gehalte sind, desto weicher ist es.

Die Karbonathärte wird auch als temporäre Härte bezeichnet, da sie durch Erhitzen des Wassers ausgetrieben werden kann. Die permanente Härte wird durch die Konzentration an Sulfaten und anderen Salz-Ionen gebildet. Karbonathärte und permanente Härte bilden die Gesamthärte (dGH: deutsche Gesamthärte). Die Angabe der Gesamthärte erfolgt in °dGH, die Angabe der Karbonathärte in °KH .

Folgende grobe Aufteilung kann man bei der Wasserhärte vornehmen:
0–4 °dGH: sehr weich
4–8 °dGH: weich
8–12 °dGH: mittelhart
12–18 °dGH: ziemlich hart
18–30 °dGH: hart
über 30 °dGH: sehr hart

Die Wasserqualität kann am einfachsten anhand des Nitratwerts gemessen werden, denn dieser gibt an, wie stark das Wasser mit organischen Abfallprodukten belastet ist. Nitratwerte von bis zu 10 mg/l sind ideal. Werte über 50 mg/l sind für einige Arten schon lebensbedrohlich. Insbesondere durch übermäßige Fütterung kann es auch kurzfristig zu einer starken Verschlechterung der Wasserqualität kommen. Daher sollte immer nur so viel gefüttert werden, wie die Tiere in kurzer Zeit fressen können. Bei kleineren Fischarten ist es ohnehin ratsam, lieber häufiger am Tag und dafür wenig zu füttern, da sie sich kaum Reserven anfressen können. Bei einem pH-Wert über 7 und hohem Nitratwert kann es darüber hinaus zur Bildung des extrem giftigen Ammoniaks kommen.

Für alle Krebstiere gilt, dass eine erhöhte Konzentration an Schwermetallen, insbesondere Kupfer, sehr gefährlich und vielfach der Grund dafür ist, dass Tiere sterben. Leider sind herkömmliche Kupfertests aus dem Handel nicht so empfindlich, dass mit ihnen die bereits tödlichen Kupferkonzentrationen nachgewiesen werden können. Prophylaktisch verwendete Wasseraufbereitungsmittel haben leider nur eine aufschiebende Wirkung, da mit dem Wasserwechsel ins Aquarium gebrachtes Kupfer zwar (kurzfristig) gebunden wird, sich aber die chemischen Verbindungen mit der Zeit wieder auflösen und das schädliche Kupfer sich im Aquarium anreichert.

Basisch oder sauer?

Der pH-Wert 7 wird als neutral, pH-Werte von 0 bis 7 werden als sauer und pH-Werte von 7 bis 14 werden als basisch bezeichnet. Der pH-Wert wird durch im Wasser gelöste Stoffe beeinflusst. So entstammen Huminstoffe/Huminsäuren dem Abbau organischer Gewebe und sind ein wichtiger Wasserbestandteil in Schwarzwassersystemen. Auch Erlenzäpfchen oder trockenes Eichenlaub enthalten Huminstoffe und können genutzt werden, den pH-Wert des Aquarienwassers zu senken. In der Regel gibt es einen direkten Zusammenhang zwischen der permanenten beziehungsweise temporären Härte und dem pH-Wert. Je härter das Wasser ist, desto stärker ist seine Pufferwirkung und desto effektiver verhindert es das Ansäuern. In hartem Wasser sind meist Stoffe gelöst, die für einen pH-Wert sorgen, der höher als 7 ist.

Reduzierung der Wasserbelastung durch Wasserwechsel

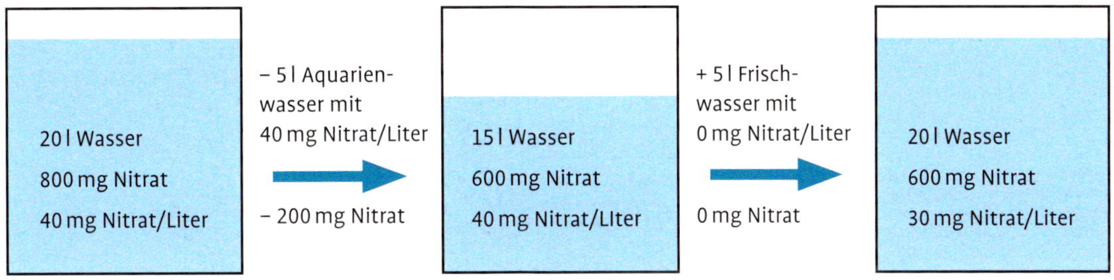

Wenn zu hohe Kupferkonzentrationen vorliegen, kann man das häufig daran erkennen, dass Zwerggarnelen insbesondere bei der Häutung sterben und Jungtiere von gut züchtbaren Arten trotz Eiern bei den Weibchen nicht aufwachsen.

Der Grund für zu viel Kupfer im Wasser liegt in der Regel in der Hausverrohrung, da vom Wasserlieferanten normalerweise einwandfreies Wasser in die Rohre geleitet wird. Wer relativ neue Rohre aus Kupfer im Haus hat oder sein Heißwasser mittels Durchlauferhitzer oder Warmwasserspeicher mit Kupferrohren gewinnt, wird, ohne ein paar Hinweise zu beachten, Probleme mit seinen Tieren bekommen. Sofern Wasser in neueren Leitungen steht, löst sich darin Kupfer in kritischen Konzentrationen. Verstärkt wird dieses Problem durch Erhitzen des Wassers.

Umgehen kann man die Gefahr, indem man vor dem Wasserwechsel soviel Wasser anderweitig verwendet, dass man kein in den Leitungen abgestandenes Wasser mehr für die Aquarien benutzen muss. Außerdem verwendet man dann kaltes Wasser, was außerdem eine anregende Wirkung auf die Krebstiere hat. Temperaturabsenkungen von etwa 5 °C werden normalerweise von allen Wirbellosen und Fischen gut vertragen.

Außerdem kann man zwischen den Kaltwasseranschluss für die Aquarien und die Hauswasserleitungen einen Adsorptionsfilter setzen. Diese Filter binden Schwermetalle zu einem sehr hohen Prozentsatz.

Die bekanntesten Gewässer mit extremen Werten sind die ostafrikanischen Seen (Tanganjika-, Malawi-, Victoriasee), die hartes und basisches Wasser mit pH-Werten von 7,5–9,5, einer Gesamthärte von bis zu 12 °dGH und einer Karbonathärte von bis zu 20 °KH aufweisen. Allerdings gibt es für unsere Nano-Aquarien nur sehr wenig Tiere aus den Seen, die auch nur eingeschränkt geeignet sind.

Auch reagieren Aquarien mit pH-Werten von über pH 7 empfindlich auf die Belastung mit organischen Stoffen. Bei deren Abbau zum Endprodukt Nitrat entsteht als Zwischenstufe Ammonium, das ungiftig ist. Je höher der pH-Wert ist, desto größer wird der Anteil des Ammoniums, der in Form des hochgiftigen Ammoniaks vorliegt. Da die Ammonium- beziehungsweise Ammoniakkonzentration mit dem Stoffwechsel der Tiere und Bakterien ansteigt, kann eine Überfütterung in einem Aquarium mit pH-Werten über 7 und schlechter Filterung recht bald zum Tod aller Tiere führen.

Dagegen ist der Rio Negro in Südamerika ein extremer Schwarzwasserfluss mit vielen Huminstoffen, nahezu nicht nachweisbarer Härte und pH-

Durch Teilwasserwechsel kann die Konzentration von Schadstoffen wie Nitraten nur reduziert werden. Eine vollständige Entfernung ist nicht möglich. Leider enthält das Leitungswasser mancherorts bereits erhebliche Nitratmengen!

Ein Brackwasser-Aqua-Terrarium für Schlammspringer mit als „Bonsai" geschnittenen Mangroven.

Werten zwischen 4 und 5. Sehr weiches Wasser und pH-Werte weit unter pH 7 charakterisiert viele Biotope, aus denen für Nano-Aquarien geeignete kleine Fischarten stammen. Die meisten Arten können allerdings gut in weichem bis mittelhartem Wasser bei pH-Werten zwischen 6 und 7,5 gehalten werden. Da es artspezifische Unterschiede gibt, gehe ich in den Artbeschreibungen näher auf die Bedürfnisse der einzelnen Arten ein.

Sonderfall Aqua-Terrarium

Ein Aqua-Terrarium ist ein Becken mit sowohl Land- als auch Wasserteil. In einem Nano-Aquarium kaum vorstellbar, konnte ich diesen Typ dennoch in einem 30-l-Aquarium mehrfach umsetzen. Für ein kleines Aqua-Terrarium kommen sowohl verschiedene Krabbenarten als auch Zwergschlammspringer als tierischer Besatz in Frage, die im Artenteil näher vorgestellt werden. Da Schlammspringer und einige Krabbenarten wie die bekannten Mangrovenkrabben Brackwasser, das heißt Wasser mit Salzzusatz, benötigen, wird die Bepflanzung entsprechend gewählt.

Der Bereich an Land muss gut strukturiert sein, damit sich die Schlammspringer oder Krabben trotz des geringen Platzes nicht ständig sehen und ungestört kleine Reviere bilden können. Dabei nutzt man mit stabilen Stein- oder Holzaufbauten die Höhe des Beckens vor allem bei Krab-

Bau eines Landteils

Den Landteil habe ich mit einem etwa 10 cm hohen Stück stabiler und dünner Aquarienrückwand abgetrennt. Will man den Landteil als Filterbereich nutzen, lässt man unter der Trennwand zwischen Land- und Wasserteil einen etwa 5 mm hohen Spalt frei, durch den das Wasser zurückfließen kann, wenn man es mit einer kleinen Tauchpumpe und einem Schlauch auf den Landteil pumpt. Damit der Bodengrund des Landteils nicht durch den Spalt gedrückt wird, kann man hier etwas Fliegengaze anbringen. Verwendet man als Bodengrund nicht zu kleinen Kies, verdichtet sich der Boden nicht so schnell und kann einige Zeit als Bodenfilter benutzt werden. Für Brackwasser-Aqua-Terrarien verwendet man Korallenbruch und für Süßwasserbecken groben Aquarienkies oder Lavasteine, die man auch als Grottensteine kaufen kann. Dadurch bilden sich im etwa 10 cm hohen Landbereich keine Fäulnisherde.

30-l-Aqua-Terrarium für Vampirkrabben, bewachsen mit zwei Arten *Hemigraphis*.

ben voll aus. Krabben und Schlammspringer verstecken sich gern und graben, weshalb dafür ausreichend Möglichkeiten vorhanden sein müssen.

Zur Bepflanzung des Landteils verwende ich für mein Schlammspringer-Aqua-Terrarium Mangrovenarten, die eine hohe Salzresistenz aufweisen und anspruchslos sind. Ich verwende unter anderem die Kleinfruchtige Orangefarbene Mangrove, *Bruguiera cylindrica*. Da Mangroven mehrere Meter groß werden, müssen sie für die Pflege im kleinen, geschlossenen Aqua-Terrarium wie Bonsai behandelt werden. Man schneidet also frische Sprosse aus, so dass kleinere seitlich neu wachsen. Nach einem dreiviertel Jahr kann man so schon kleine buschige Bäumchen erhalten haben.

Für Süßwasserbecken eignen sich für den Landteil insbesondere Cryptocorynen als auch andere Sumpfpflanzen, abhängig von den gehaltenen Krabben, denn einige Arten fressen Pflanzen. Die *Hemigraphis* sp. „Silver Leaf" wächst im Aqua-Terrarium besonders stark und kräftig. Sie ist eine Kulturpflanze, die regelmäßig ausgeschnitten werden muss. Weitere ähnliche Arten sind *Hemigraphis colorata*, *H. exotica* und *H. repanda*, die alle in Südostasien vorkommen.

Scheibenreiniger

Zur Reinhaltung der Scheiben im Wasserteil kann bei Salzgehalten von bis zu 20 g/l auf die Zebra-Rennschnecke *Neritina natalensis* aus der Süßwasseraquaristik zurückgegriffen werden.

Die Winkerkrabbe *Uca forticipata* wird nur 5 cm groß und kann als Paar in einem kleinen Aqua-Terrarium gehalten werden.

Pflanzen für das Nano-Aquarium

Eine ansprechende Bepflanzung macht ein Aquarium erst zu einem besonderen Highlight. Die sogenannten Holländischen Pflanzenaquarien sowie die Aquarien des Japaners Takashi Amano sind dabei Vorbilder. Der Begriff Aquascaping hat sich für die Nachbildung von Naturvorlagen durchgesetzt.

Linke Seite: Ein so dicht bepflanztes Aquarium sieht toll aus, benötigt aber viel Licht, Düngung, Wasserwechsel und wöchentliche Pflanzenpflege.

Es ist nicht einfach, ein Nano-Aquarium so zu bepflanzen, dass es ohne viel Pflegeaufwand langfristig gut aussieht. Es sollten Pflanzen gewählt werden, die langsam wachsen, um häufige Eingriffe ins Aquarium zu vermeiden. Keine oder nur sehr wenig Düngung und gerade ausreichendes Licht können bei einigen Pflanzenarten zu langsamem beziehungsweise Kümmerwuchs führen, was im Nano-Aquarium gewollt sein kann. Auch mit dem entsprechenden Bodengrund kann der Pflanzenwuchs unterstützt oder gehemmt werden.

Genauso wie in großen Aquarien versucht man die Bepflanzung ansteigend anzulegen, um den Blick auf das gesamte Aquarium zu erhalten. Die Bodenschicht wird so dick gewählt, wie sie die Pflanzen benötigen. Mehr als 5 cm sind jedoch nicht zu empfehlen, um nicht zusätzlich das Wasservolumen zu reduzieren.

In einigen Büchern und von Pflanzenaquarianern wird eine CO_2-Düngung empfohlen, da sie das Pflanzenwachstum unterstützt, den pH-Wert auf natürliche Weise senkt und das Wachstum der Algen einschränkt. Speziell für Nano-Aquarien gibt es inzwischen relativ kostengünstige CO_2-Anlagen. Da ich persönlich in den meisten Aquarien Moose und Farne als Einrichtung bevorzuge, verzichte ich auf die CO_2-Zugabe, da ich sie dafür nicht benötige.

Wenn möglich, greife ich auf Pflanzen aus der Unterwasserkultur zurück. Pflanzen, die unter Wasser gezogen wurden, sind bereits an das entsprechende Milieu angepasst und wachsen besser weiter.

Nachfolgend möchte ich einige Wasserpflanzen vorstellen, die sich aufgrund ihres Wuchses und ihrer Ansprüche für kleine Aquarien eignen. Die meisten Pflanzen bevorzugen pH-Werte zwischen 6 und 7 bei einer Ge-

Langsam wachsende Pflanzen wie Moose und Speerblätter sind gut für kleine Aquarien geeignet.

Vorsicht, Gift!

Gelegentlich ist ein Wirbellosensterben nach dem Einsetzen neuer Aquarienpflanzen zu beobachten. Dieses Phänomen tritt auf, wenn frisch im Handel erworbene Pflanzen ins Aquarium eingebracht werden. Besonders auffällige Arten sind in dieser Hinsicht Speerblätter (*Anubias*), Schwertpflanzen (*Echinodorus*) und Farne (*Microsorum*). Diese Arten werden emers, also außerhalb des Wassers, gezogen. In Gärtnereien werden jedoch Insektizide gegen Schädlinge eingesetzt. Die Gifte haften noch eine gewisse Zeit an den Pflanzen, nachdem sie ins Aquarium gesetzt wurden. Da die Gifte natürlich nicht nur gegen Insekten, sondern auch gegen Krebse und Garnelen wirken, sterben diese Wirbellosen, wenn die Pflanzen frisch aus der Kultur ins Aquarium gesetzt werden. Somit sollten gerade emers gezogene Pflanzen vor dem Einbringen ins Aquarium mehrere Tage lang gewässert werden. Die lästige Steinwolle, in der viele Pflanzen wurzeln, ist bei der Gelegenheit gänzlich zu entfernen.

samthärte um 6 °dGH und einer Karbonathärte von 3 °KH. Ich möchte im Wesentlichen nur anspruchlose Pflanzen nennen, die jeder Aquarianer erfolgreich verwenden kann.

Einrichten mit Moosen

Insbesondere in der Garnelen-Aquaristik nimmt die Anzahl der verwendeten Moos-Arten stetig zu. Am bekanntesten ist – zumindest dem Namen nach – das Javamoos, *Vesicularia dubyana*. Unter seinem Namen wird jedoch meist das Bogormoos, *Taxiphyllum barbieri*, gepflegt. Aufgrund der sehr großen Anzahl verschiedenster Moose, die ein Laie kaum unterscheiden kann, können solche Verwechselungen leicht geschehen.

Die anspruchslosen Schattengewächse kommen mit den verschiedensten Wasserwerten und Temperaturen zurecht. Bei allen Moosarten bieten die feinen Polster Garnelen und kleinen Krebsen ideale Bedingungen zum Klettern. Auch Jungfischen geben Moose die Möglichkeit, sich vor Nachstellungen durch größere Fische zu verstecken. Außerdem leben viele Kleinstorganismen im Moos, die für die kleinen Fische Nahrung darstellen.

Das Lebermoos *Monosolenium tenerum* wächst bei mir bei wenig Licht und einem pH-Wert um 6 sehr gut und bildet dichte, hohe Polster.

Auf Steinen mit einem Netz befestigte *Riccia-fluitans*-Polster sehen gut aus. Bei zu wenig Licht und CO_2-Düngung löst sich das Teichlebermoos allerdings schnell und treibt nach oben.

Verwendet werden alle Moose gleich. Man kann sie frei im Wasser am Aquarienboden treiben lassen oder auf Wurzeln und Steinen mit einem Faden festbinden. Am einfachsten verwendet man dazu einen Baumwollfaden, der sich mit der Zeit auflöst. Etwas Moos wird nicht zu dick auf das Substrat gelegt und mit dem Faden festgebunden.

Abhängig von Licht und Wasserwerten wachsen die Moose unterschiedlich stark. Nimmt das Moos im Aquarium überhand, kann es problemlos mit einer Schere gestutzt werden. Man sollte aufpassen, dass die Moosschicht nicht zu dick wird, da Moos, das kein Licht mehr abbekommt, anfängt zu gammeln.

Zunehmend populär wird das Lebermoos *Monosolenium tenerum*, das im Handel gelegentlich als „Pellia" auftaucht. Es hat flache, verzweigte Vegetationsorgane und wächst besonders gut bei hohen Nährstoffkonzentrationen und CO_2-Düngung. Einmal eingewöhnt, kann es dichte Polster bilden und einen schönen Kontrast zu anderen Pflanzen bieten, da es in Form und Farbe anders aussieht.

Das Teichlebermoos, *Riccia fluitans*, bildet mit seinen gabelig verzweigten Vegetationsorganen dichte Polster, die an der Wasseroberfläche treiben. Um sie unter Wasser zu zwingen, verwendet man Haarnetze, mit denen man sie auf Steinen dekorativ befestigen kann. Um ein kräftiges Wachstum anzuregen, muss dann allerdings stark beleuchtet und gedüngt werden.

Pflanzen für den Vordergrund

Dem Vordergrund kommt in kleinen Aquarien eine noch größere Bedeutung zu als in großen. Aufgrund des wenigen Platzes muss die Pflanzenauswahl wohl durchdacht sein. Dabei beschränkt man sich in der Regel auf eine bis zwei Arten, um ihnen ausreichend Platz zum Wuchs zu lassen.

Wasserkelche

Wasserkelche der Gattung *Cryptocoryne* sind Pflanzen, die in der Natur unter Wasser oder an Flussufern zu finden sind. Wechselnden Umweltbedingungen passen sie sich an, indem sie abhängig von Licht und Nährstoffen unterschiedliche Blattformen, -größen und -farben ausbilden. Auch sind

Bestens für den Vordergrund geeignet: *Cryptocoryne parva.*

die Blätter an Land und unter Wasser unterschiedlich geformt. Daher kann man sich leider nicht darauf verlassen, dass Cryptocorynen, die man im Handel sieht, auch später im Aquarium genauso aussehen und genauso hoch werden. Wasserkelche bilden durch Ableger dichte Polster. Damit sie gut wachsen, muss der Bodengrund mindestens 4 cm hoch sein.

Besonders geeignet für die Aquarienhaltung ist *Cryptocoryne wendtii*, die abhängig von den Umweltbedingungen in den verschiedensten Farb- und Wuchsformen gedeihen kann und dabei sowohl an die Wasserwerte als auch an die Temperatur geringe Ansprüche stellt. Sie kann über 10 cm groß und damit schon fast in den Hintergrund gepflanzt werden. Der Kleine Wasserkelch, *Cryptocoryne parva*, wird dagegen maximal 5 cm hoch und wächst langsam, weshalb er ideal als Vordergrundpflanze geeignet ist. Aufgrund des langsamen Wuchses kauft man am besten gleich mehrere Pflanzen.

Ähnlich wie *Cryptocoryne parva* sieht die Grasartige Schwertpflanze, *Helanthium tenellum*, aus, die ebenfalls nur bis zu 5 cm hoch wird und am Boden einen dichten Rasen bilden kann. Sie ist anspruchslos und verträgt weiches bis mittelhartes Wasser. Bei ausreichendem Licht wächst sie relativ schnell und bietet somit eine gute Alternative zu den Wasserkelchen. Sie wird im Handel teilweise auf Edelstahlgittern fixiert angeboten, die ins Becken gelegt und leicht mit Kies bedeckt werden können, wodurch das

Cryptocorynenfäule

Die eigentlich positive Eigenschaft der Cryptocorynen, sich durch unterschiedliche Blätter an verschiedene Lebensbedingungen anpassen zu können, bekommt der Aquarianer zu spüren, wenn er die Bedingungen im Aquarium drastisch ändert. Ursachen können sowohl ein nach langer Zeit erfolgter Wasserwechsel mit entsprechenden Veränderungen der Wasserchemie als auch ein Wechseln der Beleuchtung sein. Die Folge ist die gefürchtete Cryptocorynen-Fäule, bei der die Blätter der Pflanzen langsam zerfallen. Man darf dann nicht in Panik geraten, denn aus den Rhizomen sprießen schon bald neue Blätter, die mit den neuen Bedingungen zurechtkommen. Da Wasserkelche in Gärtnereien emers kultiviert werden, erwischt es einen meist schon kurz nach dem Einsetzen der Pflanzen.

Das Perlkraut, *Hemianthus callitrichoides*, bildet im Vordergrund zusammen mit *Pogostemon helferi* einen dichten Teppich.

zeitraubende Einpflanzen entfällt. Außerdem können sich so die kleinen Pflänzchen nicht mehr aus dem Boden lösen, wenn sie nach dem Einsetzen noch nicht ausreichend Wurzeln gebildet haben.

Der Zwergkleefarn, *Marsilea hirsuta*, ist ebenfalls für die Begrünung des Vordergrunds geeignet. Er bildet flache Ausläufer mit kleinen, auf einem Stiel sitzenden rundlichen Blättern und wird dabei maximal 5 cm hoch.

Bälle aus Algen

Grünalgen sind meist in der Aquaristik nicht gern gesehen und werden mit Garnelen und Pflanzen bekämpft. In Extremfällen gehen Aquarianer mit der chemischen Keule dagegen vor, was erstens sinnlos und zweitens nicht ungefährlich ist. Grünalgen sind natürliche Pflanzen, die genauso wie andere Pflanzen ihr Recht zu wachsen haben. Außerdem enthalten die Mittel häufig das für Krebstiere giftige Kupfer.

Die Grünalge *Aegagropila linnaei* (zeitweilig als *Cladophora aegagropila* bezeichnet) dagegen holen wir uns absichtlich ins Aquarium. Ihre charakteristische Eigenschaft ist die Bildung von kompakten Bällchen, die durch die Strömung frei auf dem Boden der Gewässer umherrollen und somit ihre gleichmäßige Form erlangen.

In der Natur können diese Kugeln einen Durchmesser von bis zu 20 cm erreichen, wobei sie meistens viel kleiner bleiben und in der Regel mit einer Größe von 5 bis 7 cm im Handel erhältlich sind. Das ist auch die richtige Größe für unser Nano-Becken.

Aegagropila linnaei verflacht durch die fehlende Bewegung im Aquarium oder wächst nicht regelmäßig. Aber auch solche Exemplare ergeben einen schönen dekorativen Effekt. Werden die Kugeln nicht regelmäßig bewegt und alle Seiten gelegentlich dem Licht ausgesetzt, lösen sie sich auf und zerfallen in einzelne Stücke. Diese kann man zum Beispiel auf Steine

Algenbälle gedeihen auch im Halbschatten.

oder Holz binden. Auf einem flachen Stein befestigt wirken sie wie ein Stück Rasen am Aquarienboden.

Algenbälle bevorzugen leicht alkalisches Wasser, wobei die Temperatur nicht konstant über 27 °C liegen sollte. Bezüglich des Lichts sind sie wenig anspruchsvoll und geben sich schon mit einem schattigen Plätzchen zufrieden. Da *Aegagropila linnaei* empfindlich auf Verschmutzung reagiert, sollten die Kugeln regelmäßig im Wasser ausgedrückt und gespült werden. In der Gesellschaft von Zwerggarnelen übernehmen es die Tiere, die Kugel rein zu halten und ständig auf ihr nach Futter zu suchen.

Hintergrundbepflanzung

Da das Nano-Aquarium eine sehr geringe Grundfläche hat, sollten für den Hintergrund Pflanzen gewählt werden, die eher in die Höhe als in die Breite wachsen. Viele gängige Hintergrundpflanzen wachsen bei guten Bedingungen sehr schnell und müssen somit regelmäßig zurückgeschnitten werden. Stängelpflanzen kürzt man auf die Hälfte ein, so dass sie buschig weiterwachsen. Alternativ knipst man jeweils die Spitze ab und pflanzt sie nach dem Entfernen der alten Stängel ein. Zu diesen Arten gehört unter anderem die kleinblättrige *Rotala rotundifolia*, die bei kräftigem Licht rötliche Blätter bildet.

Das Zarte Mooskraut, *Mayaca sellowiana*, ist hellgrün und wirkt mit seinen schmalen, feinen Blättern recht zerbrechlich. Bei dieser Pflanze ist CO_2-Düngung angebracht. Der kleinblättrige Wassernabel *Hydrocotyle sibthorpioides* bietet mit seinen rundlichen Blättern einen angenehmen hellgrünen Kontrast, wobei er nicht ganz anspruchslos ist und entsprechend gedüngt und beleuchtet werden muss.

Auch die grüne Haarnixe *Cabomba caroliniana* kann im Nano-Aquarium verwendet werden, muss allerdings aufgrund ihres starken Wuchses bei kräftiger Beleuchtung und Düngung regelmäßig eingekürzt werden. Eine weitere wuchsfreudige Art ist das Seegrasblättrige Trugkölbchen, *Heteranthera zosterifolia*, das mit seinen schmalen hellgrünen Blättern dichte Polster bilden kann und somit auch für Jungfische Schutz bietet.

Der hellgrüne, rundblättrige Wassernabel der Gattung *Hydrocotyle* bietet im Hintergrund einen ansprechenden Kontrast.

Bei Düngung und viel Licht werden die *Rotala rotundifolia* stark wachsen und müssen spätestens nach zwei Wochen eingekürzt werden.

Das Zwergpfeilkraut, *Sagittaria subulata*, bildet dichte Bestände und wächst je nach Licht unterschiedlich hoch.

Bevorzugt man schmalblättrige Arten, kann man auf das Zwergpfeilkraut *Sagittaria subulata* zurückgreifen. Je nach Bodendüngung und Temperatur liegt die Größe zwischen 5 cm und 20 cm. Wenn man diese Pflanze somit für den Mittelgrund nimmt, macht man nichts verkehrt. Die Art bildet Ausläufer, die den Boden schnell bedecken können.

Die Gattung *Vallisneria* ist bekannt für einfach zu pflegende, schmalblättrige und stark Ausläufer bildende Aquarienpflanzen. Aufgrund der Blattlänge sind Vallisnerien normalerweise nicht für kleine Aquarien geeignet. Eine Ausnahme bildet inzwischen die Zuchtform Mini Twister der *Vallisneria americana*, die mit einer Größe von bis zu 20 cm auch für kleine Becken geeignet ist.

Giftig?

Als klassische Sumpfpflanzen werden die *Anubias*-Arten außerhalb des Wassers kultiviert. Es wird häufig berichtet, dass Garnelen und Krebse nach dem Einbringen von *Anubias* sterben, wenn bei den Pflanzen das Rhizom verletzt oder gebrochen wurde, da sie zu den Aronstabgewächsen zählen und dann Oxalsäure abgeben. Das konnte ich nie feststellen. Allerdings können die häufig in Gärtnereien verwendeten Insektizide Ursache für das Massensterben sein.

Pflanzen auf Holz und Steinen

Aufsitzerpflanzen sind Pflanzen, die sowohl in der Natur als auch im Aquarium nicht (unbedingt) im Bodengrund, sondern auf Gegenständen wachsen. Sie haben dazu Wurzeln, die die Pflanzen fest mit dem Substrat wie Steinen oder festem Holz verbinden. Bei vielen Arten vertragen die Wurzeln es nicht, in dichtem Bodengrund zu stecken.

Speerblätter

Speerblätter der Gattung *Anubias* gibt es in verschiedenen Größen. Allen sind ein kräftiges Rhizom und ledrige, feste Blätter gemein. Es gibt *Anubias*-Arten mit sehr kleinen, nur bis zu 2,5 cm langen Blättern (*Anubias barteri* var. *nana* 'Bonsai') und Arten mit über 15 cm langen und 7 cm breiten Blättern, die dann jedoch nur für große Aquarien geeignet sind.

Speerblätter sind Schattengewächse, die sowohl in hartem alkalischem als auch weichem saurem Wasser gut gedeihen. Sie wachsen gut bei geringer Beleuchtung. Da sie kräftige Haftwurzeln entwickeln und ungern in dichtem Boden wachsen, eignen sie sich hervorragend für die Bepflanzung von Dekorationsgegenständen wie Steinen, Wurzeln und Rückwänden. Man kann die Pflanzen auf dem Substrat mit Angelschnur oder Kabelbindern befestigen, bis sie angewachsen sind. Beim Festbinden sollte das Rhi-

Das Zwergspeerblatt, *Anubias barteri* var. *nana*, wächst langsam und ist eine ideale Pflanze für Nano-Becken (hier gemeinsam mit Javamoos).

zom eng und fest am Substrat anliegen, damit die Wurzeln in Ruhe Halt finden können. Die Vermehrung erfolgt, indem man die Pflanze in Stücke schneidet. An den Blattansätzen des Rhizoms wachsen dann neue Rhizomenden.

Für unsere Nano-Aquarien kommen *Anubias barteri* var. *nana* mit bis zu 5 cm großen Blättern und *Anubias barteri* var. *nana* 'Bonsai' mit maximal 2,5 cm großen Blättern infrage.

Farne

Als Farn-Fan hat es mir besonders der Kongo-Wasserfarn, *Bolbitis heudelotii*, angetan. Mit seinen bis zu 20 cm langen Fiederblättern eignet er sich gerade noch so für kleinere Aquarien und wird dann als einzige Pflanze verwendet. Er bevorzugt mit CO_2 gedüngtes, weiches, saures Wasser und

Bolbitis heudelotii wirkt vor allem durch seine flachen, verzweigten und leicht transparent erscheinenden Blätter.

Aufgebundener Javafarn, *Microsorum pteropus* 'Windeløv'.

kommt bei etwas Wasserbewegung richtig zur Geltung. Er wird auf Holz oder Steinen aufgebunden und stellt an das Licht keine besonderen Ansprüche. Ohne CO_2-Düngung sollte jedoch nicht zu stark beleuchtet werden, was bei mir sehr gut funktioniert.

Der Javafarn, *Microsorium pteropus*, ist eine der besten Pflanzen für kleine Aquarien, da die Pflanzen sehr anspruchslos sind, sehr wenig Licht benötigen und langsam wachsen. Neben der klassischen Form mit bis zu 30 cm langen und 5 cm breiten Blättern, die in kleinen Aquarien allerdings kaum ausgebildet werden, gibt es verschiedene interessante Wuchsformen. Die Form 'Windeløv' ist davon nach meiner Meinung die schönste, da sie nicht so groß wird und die Blattspitzen sich wie ein Elchgeweih auffächern. Auch der Javafarn wird aufgebunden und nicht eingepflanzt verwendet.

Auf Tiere achten

Aquarien, die nur mit Moorkienholz sowie Speerblättern, Farnen und Javamoos eingerichtet sind, lassen sich mit wenigen Handgriffen ausräumen, was für die Pflege und auch für eine eventuell notwendige Veränderung der Einrichtung sehr hilfreich sein kann. Dabei sollte man immer beachten, dass sich Garnelen, Krebse und auch Welse zwischen den Wurzeln der Pflanzen und an den Einrichtungsgegenständen befinden können und möglicherweise mit aus dem Wasser genommen werden. Daher stellt man die herausgenommenen Dekomaterialien am besten in einen Eimer mit etwas Wasser, in das die Tierchen fallen oder springen können.

Regelmäßige Pflegemaßnahmen

Ein Nano-Aquarium benötigt, wie jedes andere Aquarium auch, regelmäßige Pflegemaßnahmen. Bei kleinen Aquarien kommt hinzu, dass sie aufgrund ihrer Größe Pflegefehler schwerer verzeihen und leichter aus dem Gleichgewicht kommen. Daher habe ich hier eine kleine Checkliste für die regelmäßige Pflege zusammengestellt.

täglich

1. Sind alle Beckenbewohner vorhanden? Bei Todesfällen Leichen entfernen.

2. Weisen alle Tiere eine gute Kondition auf und verhalten sie sich normal? Kranke Tiere muss man gegebenenfalls herausfangen und sie in einem separaten Behälter oder genau dosiert im Nano-Becken behandeln.

3. Funktioniert die Technik, wie Licht, Heizung und Filter? Bei Problemen muss umgehend Abhilfe geschaffen werden.

4. Stimmt die Wassertemperatur? Wird es im Sommer im Becken zu heiß, müssen Maßnahmen getroffen werden. Wird es im Winter zu kalt, muss die Heizung nachgeregelt werden.

5. Laufen die Futterkulturen wie erwartet? Wenn nicht, muss man sie unverzüglich neu ansetzen, um keinen Stamm des wertvollen Lebendfutters zu verlieren.

6. Füttern Sie kleine Mengen morgens und abends. *Artemia*-Nauplien sind nur wenige Stunden nach dem Schlupf wertvoll, da sie sonst ihre Nährstoffe verlieren. Daher muss man sie bald nach dem Schlupf auch verfüttern und neu ansetzen.

7. Wechseln Sie einen Liter Wasser. Das geht mit einem entsprechend großen Messbecher einfach und schnell. Besonders bei empfindlichen Arten werden die Wasserwerte so kaum verändert, doch Schadstoffe gleichmäßig aus dem Wasser entfernt. Damit nur kleine Wasserwechsel nötig sind, muss der Tierbesatz gering sein und es darf nur wenig gefüttert werden, damit sich Schadstoffe im Wasser nicht zu schnell anreichern. Bekommt man durch viele Tiere eine entsprechend hohe Wasserbelastung, sollte man lieber einmal die Woche und bis zu 50 % Wasser wechseln. Dabei sollte man darauf achten, dass insbesondere Härte und pH-Wert des Frischwassers weitgehend den Werten im Aquarium entsprechen. **Hinweis:** Leitungswasser kommt nahezu immer mit einem pH-Wert von etwa 8 aus der Leitung, sogar wenn es weich ist, da saures Wasser die Leitungen angreifen würde. Lassen Sie es daher in einem Eimer etwas abstehen.

wöchentlich

1. Falls Sie nicht täglich ein wenig Wasser wechseln, führen Sie einen Wasserwechsel von bis zur Hälfte des Aquarienvolumens durch. Stellen Sie vorher Filter und Heizung ab, damit diese nicht trockenlaufen oder überhitzen.

2. Erneuern Sie die Futterzuchten, falls sie nicht mehr produktiv genug sind. Man sollte sie lieber einmal häufiger neu ansetzen, bevor es zu spät ist.

3. Reinigen Sie die Scheiben von sich ansiedelnden Algen. Wenn Sie das regelmäßig tun, geht es schnell und einfach. Ich habe gute Erfahrungen mit entsprechenden Reinigungsklingen und speziellen Kunststoffschwämmen gemacht, die ähnlich funktionieren wie Mikrofasertücher.

regelmäßig

1. Wurden gut wachsende Pflanzen fürs Nano-Aquarium gewählt, müssen diese regelmäßig eingekürzt werden.

2. In der Regel werden für kleine Aquarien Filter mit einem Filterschwamm verwendet. Dieser ist auszuwaschen, wenn die Durchflussleistung merklich nachlässt. Dazu nimmt man den Schwamm und drückt ihn so lange in einem Eimer mit Aquarienwasser aus, bis er wieder weich und durchlässig ist. Verwendet man Torf als zusätzliches Filtermaterial zur Ansäuerung, muss er regelmäßig gewechselt werden. Aktivkohle wird im Filter nur verwendet, um nach einer Medikamentenbehandlung Rückstände des Medikamentes zu entfernen. Die Wirkung der Aktivkohle verliert sich recht bald, und sie muss dann entfernt werden.

3. Bei Filtern auf Luftheberbasis setzen sich die kleinen Löcher am Lufteinlass regelmäßig zu und müssen gereinigt werden, damit sich der Durchfluss nicht verringert.

Tiere im Nano-Aquarium pflegen

In diesem Kapitel möchte ich auf das wichtige Thema Futter – insbesondere für Fische –, auf Krankheiten und auf unerwünschte Mitbewohner eingehen.

Futter für kleine Mäuler

Der Fütterung kommt im Nano-Aquarium eine besondere Bedeutung zu, da sich viele der dafür geeigneten Fische nicht mit dem handelsüblichen Kunstfutter wie Futtertabletten und Flockenfutter zufriedengeben. Außerdem ist es wichtig, nicht zuviel zu füttern, da Futter, das die Fische nicht fressen, im Wasser vergammelt und somit die Wasserqualität stark belastet. Eine häufigere Futtergabe mit kleinen Portionen, die die Fische in sehr kurzer Zeit auffressen können, ist sehr viel besser für das Milieu im Aquarium geeignet. Außerdem haben viele der kleinen Fischarten nicht die Möglichkeit, sich ausreichend Reserven anzufressen, um eine längere Zeit ohne Futter durchhalten zu können. Daher sind Fütterungen ein bis zweimal am Tag sinnvoll.

Lebendfutter

Lebendfutter ist besonders wichtig, da einige der in diesem Buch vorgestellten Arten kein Kunstfutter zu sich nehmen. Auch gefrorene Futtertiere werden von ihnen kaum angerührt, da sie nur auf Bewegung reagieren. Es ist wichtig, dass man sich das passende Futter für diese Fische besorgen oder selbst nachziehen kann. Dabei müssen die Futtertiere die passende Größe und den entsprechenden Nährwert haben. Außerdem muss darauf geachtet werden, dass die Fische das Futter vertragen.

Artemia

Das bekannteste und sicher am einfachsten herzustellende Lebendfutter für unsere Fische sind frisch geschlüpfte Salinenkrebse oder *Artemia*-Nauplien. Da die kleinen Nauplien bereits nach 24 bis 48 Stunden schlüpfen und die Cysten lange gelagert werden können, stellen *Artemia* eine jederzeit verfügbare Lebendfutterquelle dar. Frisch geschlüpfte Nauplien können bereits von Jungfischen der meisten Arten gefressen werden.

Artemia-Cysten erhalten Sie im Zoofachhandel in unterschiedlichen Verpackungseinheiten. Da die Qualität der angebotenen *Artemia* (erkennbar an der angegebenen Schlupfrate) sehr unterschiedlich ist, sollte hierauf ein besonderes Augenmerk gelegt werden. Meist ist die Qualität der in größeren Dosen angebotenen Cysten besser als die der kleineren Portionen. Umgerechnet sind sie auch weitaus günstiger. Friert man die Cysten im Tiefkühlschrank ein, bleiben ihre Qualität und somit Schlupfrate über Monate oder sogar Jahre erhalten. Werden sie jedoch nicht vakuumverpackt, sondern offen gelagert, nehmen sie Feuchtigkeit auf und verlieren ihre Schlupffähigkeit. Daher sollte man geöffnete Packungen innerhalb weniger Wochen verbrauchen und ihre Deckel immer dicht verschließen.

Da *Artemia* Salzwasserbewohner sind, überleben sie im Aquarium nur wenige Stunden. Daher ist eine reichliche Fütterung, wie sie bei lebendem Futter aus dem Süßwasser möglich ist, zu vermeiden. Denn tote und sich zersetzende *Artemia* belasten das Aquarienwasser. Entsprechendes Zubehör wie *Artemia*-Flaschen und -siebe gibt es im Fachhandel.

Salzkrebschen

Artemia sind Krebstiere aus der Ordnung der Kiemenfüßer. Sie werden auch Salz- oder Salinenkrebschen genannt und kommen in Binnensalzseen vor. Sie bilden beim Austrocknen der Gewässer Cysten (fälschlich auch Dauereier genannt), die trocken gelagert noch nach Jahren schlupffähig sind. *Artemia* ernähren sich von Algen und Bakterien, die sie aus dem Wasser filtern. Sie sind mit den einheimischen Feenkrebsen verwandt, die im Frühjahr in manch temporären Gewässern zu finden sind.

Immer zur Hand – Artemia

***Artemia*-Flasche selbst gebaut**
Benötigt werden: Plastikgetränkeflasche (am besten mit Einschnürung), kurzes Plastikröhrchen, Luftschlauch, Absperrhahn für Luftschlauch, Klebstoff oder Silikonkautschuk. Der Boden der Plastikflasche wird mit einem scharfen Messer abgetrennt. Mit einem Bohrer wird in den Schraubdeckel der Flasche ein Loch gebohrt, so dass das Plastikröhrchen hineingeschoben werden kann und stramm sitzt. Sollte das Röhrchen nicht dicht abschließen, kann der Rand mit etwas Klebstoff oder Silikonkautschuk verschlossen werden. Am Röhrchen wird der Luftschlauch befestigt und daran das Absperrventil. Diese Konstruktion wird kopfüber aufgehängt.

***Artemia* zum Schlupf bringen**
Das Absperrventil wird geschlossen. Wasser, ein gehäufter Teelöffel Meersalz, wie er für die Meeresaquaristik verwendet wird, und etwa ein Teelöffel *Artemia*-Cysten werden eingefüllt. Eine kleine Membranluftpumpe wird mit einem Luftschlauch an das andere Ende des Ventils angeschlossen und eingeschaltet. Achtung: Die Pumpe muss höher als die Flasche angebracht werden, damit die Salzlösung bei einem Stromausfall nicht ins Pumpengehäuse läuft. Nun wird das Ventil geöffnet. Die einströmenden Luftblasen rühren die Mischung ständig durch. Sie sollte nur leicht blubbern. Nach 24–48 Stunden, abhängig von der Art der Eier und der Temperatur, sind die *Artemia* geschlüpft und können verfüttert werden.

***Artemia*-Nauplien verfüttern**
Um die *Artemia* zu entnehmen, wird der Schlauch der Luftpumpe

vom Absperrventil entfernt, nachdem das Ventil geschlossen wurde. Wenn sich die *Artemia* unten in der Flasche und die leeren Schalen oben abgesetzt haben, lässt man die Flüssigkeit durch das geöffnete Ventil in das *Artemia*-Sieb laufen. Das Ventil muss geschlossen werden, bevor auch die leeren Schalen hindurchlaufen. Nicht geschlüpfte Cysten und leere Schalen dürfen nicht an Jungfische verfüttert werden, da sie zu Verdauungsproblemen und somit zum Tode führen können. Das teilweise empfohlene Spülen der Salinenkrebschen führe ich nicht durch, da das noch an beziehungsweise in den Krebschen befindliche Salz meinen Fischen zusätzliche Mineralien zuführt. Es kann direkt aus dem Sieb gefüttert werden.

Essigälchen

Die eng mit den Mikrowürmchen verwandten Essigälchen sind noch einfacher als diese zu züchten. Wie der Name schon sagt, leben sie in Essig, wo sie sich von Bakterien ernähren. Sie sind etwas kleiner als Mikrowürmchen und können daher auch von vielen jungen Fischen gefressen werden.

Ich verwende für die Zucht Halbliter-Plastikflaschen, wie man sie für Getränke kaufen kann. Darin mische ich 5%igen Bio-Apfelessig und Leitungswasser jeweils zur Hälfte. Hinein kommen auch ein weniger als erbsengroßes Stück Hefe und ein gestrichener Teelöffel Zucker sowie ein Ansatz Essigälchen aus einer alten Kultur. Der Deckel der Flasche wird nur leicht aufgelegt, da Luft an die Flüssigkeit gelangen muss. Die Geruchsbelästigung ist sehr gering, weil sich der Gasaustausch in Grenzen hält. Diese Mischung wird regelmäßig aufgefrischt, indem man die zur Fütterung entnommene Flüssigkeit nicht zurückgibt.

Schwimmen im oberen Drittel der Flasche viele kleine Würmchen, können sie verfüttert werden. Die Fütterung ist, wenn man sich einmal entsprechend ausgestattet hat, sehr einfach. Ich habe mir auf einem Flohmarkt einen kleinen 50-ml-Glaskolben mit schlankem Hals besorgt. So etwas kann man allerdings auch im Glasfachhandel oder im Internet kaufen. Will ich einen halben Tag später füttern, fülle ich den Glaskolben bis etwa 3 cm unter dem Rand mit der Essigälchen-Flüssigkeit aus den Flaschen. Ich gieße sie vorsichtig ein, da die meisten Tierchen oben in der Nährlösung schwimmen. Dann gebe ich einen kleinen Stopfen aus Filterwatte in das Rohr, so dass die Flüssigkeit gerade über der Watte steht.

Den Stopfen bekommt man am leichtesten wieder heraus, wenn man ein Stück Kabelbinder neben ihm mit ins Gefäß steckt, das unten verdickt ist. Mit dem Kabelbinder kann man dann den Stopfen herausziehen. Bis zum Rand wird mit normalem Wasser aufgefüllt. Da im unteren Teil des Gefäßes der Sauerstoff verbraucht wird, bewegen sich die Essigälchen durch die Watte hindurch ins klare Wasser oben. Dieses Wasser kann nach einigen Stunden, wenn dort die kleinen Tierchen erkennbar sind, mithilfe einer Pipette abgesogen und direkt an die Fische verfüttert werden. Die Flüssigkeit aus dem Kolben gebe ich zurück in die Zuchtflasche. Da ich drei Flaschen im Ansatz habe, kommt jede Flasche alle drei Tage zum Einsatz.

Kolben zur Entnahme der Essigälchen.

Mikrowürmchen

Mikrowürmchen, die manchmal auch als Mikroälchen bezeichnet werden, werden je nach Art 1–3 mm groß und sind sehr schlank. Sie sind recht fetthaltig und stellen ein gehaltvolles Jungfischfutter dar, das von vielen Fi-

Mikrowürmchen züchten

Da es verschiedene Rezepte für die Zucht von Mikrowürmchen gibt, gebe ich nur eins wieder, das bei mir funktioniert. Ich gebe Haferschmelzflocken mit etwas Wasser etwa 5 mm hoch in ein Marmeladenglas oder ein gleichgroßes Gefäß mit Deckel, so dass ein zähflüssiger Brei entsteht. Darauf gebe ich maximal einen Viertelwürfel frischer Hefe, wobei auch Trockenhefe möglich ist. Hinzu kommen Mikrowürmchen eines alten Ansatzes, die ich entweder mit dem Löffel entnehme oder mit etwas Wasser ausspüle. Diesen Ansatz hält man bei 20–25 °C verschlossen, aber nicht luftdicht. In einem frischen Ansatz vermehren sich die Mikrowürmchen sehr schnell und können meist schon am nächsten Tag das erste Mal verfüttert werden. Die kleinen Würmchen steigen an der Gefäßwand hoch. Nur diese werden mit einem feinen Pinsel oder Wattestäbchen abgewischt. Dabei ist darauf zu achten, dass kein Brei mit aufgenommen wird. Die Würmchen vom Rand können ohne sie auszuwaschen direkt verfüttert werden. Das bisschen Zuchtsubstrat, das noch an ihnen haftet, hat bei mir bisher keine Probleme verursacht, da ich regelmäßig das Wasser wechsle. Möchte man die Geschwindigkeit des Aufstiegs der Würmchen beschleunigen, kann man das Gefäß auf eine warme Unterlage stellen, zum Beispiel die Aquarienabdeckung.

Wird der Brei zu flüssig, gibt man wieder etwas trockene Flocken hinzu. Nach spätestens vier Wochen läuft der Ansatz nicht mehr und wird wie beschrieben neu angesetzt.

Durch die Abdeckung des Gefäßes entstehen keine unangenehmen Gerüche. Sollte das trotzdem geschehen, ist der Ansatz überaltert und muss erneuert werden. Wenn man entsprechend aufpasst, reicht ein Zuchtansatz aus, um immer wieder neue Mikrowürmchen anzusetzen.

Zuchtansätze bekommen

Mikrowürmchen, Essigälchen und Pantoffeltierchen entstehen nicht von selbst. Für eine erfolgreiche Zucht, die man bei ausreichender Pflege über sehr lange Zeit betreiben kann, muss man sich für den Start eine kleine Portion als Zuchtansatz besorgen. Viele Aquarianer in Vereinen geben gern an andere Aquarianer Zuchtansätze ab. Auch der Fachhandel kann, wenn er sie nicht sogar vorrätig hat, entsprechende Portionen besorgen, die den Grundstock für die eigene Zucht legen können.

schen schon direkt nach dem Schlupf bewältigt werden kann. Sie sinken schnell zu Boden, weshalb sie vor allem an Fische verfüttert werden sollten, die ihre Nahrung in Bodennähe suchen. Dazu gehören unter anderen die Panzerwelse. Mikrowürmchen überleben länger im Aquarium als *Artemia*, doch sind auch sie spätestens nach einem halben Tag tot. Daher darf man immer nur so viele verfüttern, wie auch gefressen werden.

Pantoffeltierchen

Pantoffeltierchen sind erheblich kleiner als *Artemia* und werden für die Aufzucht von Jungfischen benötigt, die aufgrund der Größe keine frisch geschlüpften *Artemia* fressen können. Sie sind eben noch mit dem Auge erkennbar und schweben als Wolke im Zuchtgefäß.

Die Zucht bedarf regelmäßiger Pflege und verträgt keine Nachlässigkeit. Der Einstieg ist, dass man einen bereits laufenden Zuchtansatz bekommt, den man weiter füttern kann. Am besten läuft die Vermehrung bei mir in einem 1-l-Einmachglas, das mit dem Deckel nur leicht und nicht luftdicht verschlossen wird. Die Fütterung muss immer dann erfolgen, wenn der Zuchtansatz klar ist. Es darf immer nur wenig gefüttert werden. Dafür eignen sich Tropfen von Kaffeesahne, fein geriebene Hafer-Schmelzflocken oder zur Reaktivierung ein 3 cm^2 großes Stückchen der getrockneten Schale einer Bio-Banane.

Zum Verfüttern der Pantoffeltierchen gibt man die benötigte Menge, jedoch maximal die Hälfte eines klaren Pantoffeltierchenansatzes ins Aquarium. Den Rest gießt man mit abgekochtem Wasser wieder auf, da Aquarienwasser oder Wasser aus der Leitung eventuell andere Kleinorganismen enthalten, die die Pantoffeltierchen verdrängen würden. Alternativ kann man für das Verfüttern wie bei den Essigälchen den Glaskolben benutzen.

Tümpelfutter

Als Tümpelfutter wird das Futter bezeichnet, das man selbst in der freien Natur in Wasseransammlungen fangen kann. Dazu gehören schwarze, weiße und rote Mückenlarven, Wasserflöhe und *Cyclops*. Da Fischnährtiere in Deutschland unter den Schutz des Fischereigesetzes fallen, darf man nicht einfach an den nächsten Tümpel gehen, um sein Futter für die heimischen Fische zu fangen. Je nach Bundesland gibt es verschiedene Verordnungen und Interpretationen, wer unter welchen Voraussetzungen in welchem Gewässer tümpeln gehen darf. Häufig sind die Voraussetzung ein Angelschein und die Erlaubnis des Fischereiberechtigten. Darüber hinaus dürfen natürlich keine geschützten Wassertiere gefangen werden.

Für den Fang reichen bereits ein feinmaschiges Netz mit stabilem, langem Stiel und ein gut verschließbares Gefäß aus. Einen entsprechenden

Teiche

Einige Gemeinden haben spezielle Teiche in der Nähe ihrer Kläranlage, in die das gereinigte, aber nährstoffreiche Wasser gepumpt wird. Dort kann man nach Erkundigung häufig auf einen sicheren Bestand von Wasserflöhen zurückgreifen.

Tümpeln ist eine spannende und preiswerte Möglichkeit, seinen Fischen lebendes Futter zu organisieren.

Kescher kann man sich mit einer Nylon-Damenstrumpfhose auch selbst basteln.

Leider kann man beim Tümpeln, wie die Tätigkeit des Lebendfutterfangens genannt wird, unerwünschte Mitbewohner erwischen, das heißt insbesondere Planarien und Hydra. Wie damit umzugehen ist, lesen Sie unter „Unerwünschte Mitbewohner“ ab Seite 41. Größere Beifänge wie etwa Libellenlarven oder Rückschwimmer sortiert man bereits direkt nach dem Fang aus, um sie nicht mit nach Hause nehmen zu müssen und ihnen ein Weiterleben zu ermöglichen.

Schwarze Mückenlarven sind die schwarz gefärbten Larven der verschiedenen Stechmückenarten. Nur Stechmückenweibchen saugen Blut, das sie für die Eiproduktion brauchen. Die Männchen sind harmlos. Schwarze Mückenlarven sind besonders nahrhaft und regen viele Fischarten zum Ablaichen an, weshalb sie ein hervorragendes Futter darstellen. Verfüttert werden sollten allerdings immer nur so viele Mückenlarven, wie auch gefressen werden, denn im warmen Aquarienwasser entwickeln sich die Larven meist innerhalb weniger Tage zu fertigen Stechmücken.

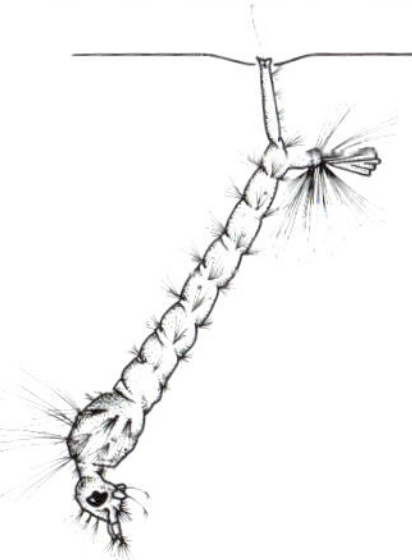

schwarze Mückenlarve

Bereits im zeitigen Frühjahr sind in Wasseransammlungen Mückenlarven zu finden. Wenn es wärmer wird, legen die Mücken ihre Eier an der Wasseroberfläche stehender Gewässer ab, wo sie sich temperaturabhängig

Mückenlarven züchten

Man kann sich selbst ein Zuchtgefäß für schwarze Mückenlarven im Garten einrichten. Ein mit Wasser gefüllter Behälter wie eine Wassertonne oder ein ausrangiertes Aquarium wird im Garten an einer beschatteten Stelle aufgestellt und Stroh oder getrocknete Brennnesseln werden ins Wasser gegeben. Die Pflanzen verrotten und locken die Mückenweibchen zur Eiablage an. Mit einem feinen Kescher können die bis zu 10 mm großen Mückenlarven gefangen werden. Die Ernte ist bis zum Herbst möglich.

weiße Mückenlarve

rote Mückenlarve

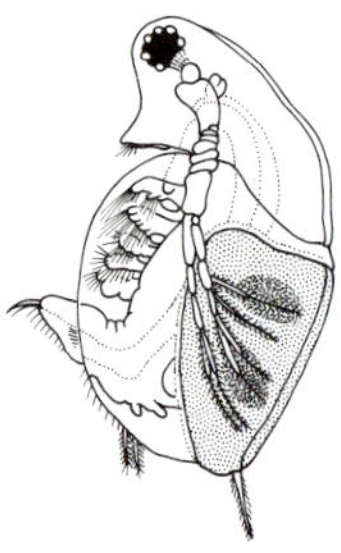
Wasserfloh

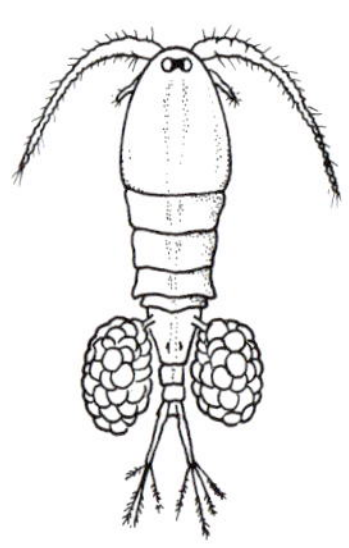
Hüpferling

innerhalb weniger Wochen entwickeln. Die Eier werden in ovalen Trauben von bis zu 300 Eiern abgelegt, sogenannten Schiffchen. Diese kann man bereits einsammeln und ebenfalls verfüttern. Da die Larven Luft atmen, treiben sie mit dem Hinterleib nach oben an der Wasseroberfläche. Die Larven ernähren sich von zerfallendem organischem Material.

Weiße Mückenlarven stammen von der Büschelmücke und sind in sauberen, unbelasteten Gewässern zu finden. Sie schwimmen frei im Wasser und können fast das ganze Jahr über gefangen werden. Die Mücken selbst stechen nicht, aber die Mückenlarven leben räuberisch und können im Aquarium kleinen Jungfischen gefährlich werden. Manche Fische müssen sich erst an dieses Futter gewöhnen, da die Larven vor den Fischen fliehen und mit bis zu 15 mm relativ groß sind. Die Mückenlarven lassen sich manchmal in großen Mengen fangen und können bis zu eine Woche lang kühl aufbewahrt werden. Dazu gibt man sie in eine flache Schale mit kaltem Wasser. Alternativ legt man die Mückenlarven auf feuchtes Zeitungspapier und klappt dies zu. Das Papier muss immer feucht gehalten und kühl gelagert werden.

Rote Mückenlarven werden in der Aquaristik oft verfüttert. Diese durch einen dem Hämoglobin ähnlichen Farbstoff rot gefärbten und bis 2 cm großen Mückenlarven leben im Bodengrund von Gewässern. Sie können sehr gut in verschmutzten, sauerstoffarmen Gewässern überleben und Giftstoffe in ihrem Körper anreichern. Somit kann es eine Gefahr für unsere Tiere darstellen, wenn wir Mückenlarven aus belastetem Wasser verfüttern. Daher muss beim Kauf darauf geachtet werden, nur Markenware aus spezieller Zucht für die Aquaristik zu erwerben.

Wasserflöhe gibt es in verschiedenen Arten und Größen von bis zu 3 mm. Sie kommen in stehenden Gewässern vor und können dort insbesondere in den Sommermonaten zum Teil in sehr großen Mengen gefangen werden. Sie sind Filtrierer, die sich von pflanzlichem Plankton ernähren. Das heißt, grünliches, nährstoffreiches Wasser ist ideal für ihre Entwicklung. Sie selbst stellen ein ballaststoffreiches, aber nährstoffarmes Futter dar. Wenn man sie kurz nach dem Fang mit noch vollem Darmtrakt verfüttert, sind sie besonders wertvoll, da die Fische davon auch zehren können. Eine Zucht in der Regentonne oder Gartenteich ist gut möglich, wenn diese grüne Schwebealgen enthalten.

Aquarianer füttern ihre Fische sehr gern mit ***Cyclops*** und meinen damit Ruderfußkrebse, auch **Hüpferlinge** genannt. Die meist weniger als 2 mm großen Tierchen sind leicht an ihren ruckartigen, hüpfenden Bewegungen zu erkennen, die ihnen den Namen gegeben haben. Die Weibchen tragen am Körperende zwei Eitrauben. *Cyclops* können das ganze Jahr über in Teichen gefangen werden. Sie sind sehr nährstoffreich und müssen, da sie ständig in Bewegung sind, gezielt von den Fischen erbeutet werden. Da einige Hüpferlingsarten Parasiten sind, können sie Jungfischen gefährlich werden. Leider ist das für Laien ohne Mikroskop nicht erkennbar.

Frostfutter

Als Frostfutter bezeichnet man eingefrorenes Tümpelfutter. Dazu gehören verschiedenste Mückenlarven, Wasserflöhe, *Cyclops* und weitere Futtertiere. Den Fischen schadet es nicht, wenn man gefrorenes Futter direkt ins Aquarium gibt und sie davon fressen. Allerdings kann die Eisbrühe, die das Futter umgibt, je nach Futterqualität das Wasser belasten. Daher gebe ich mein Frostfutter in einen Behälter mit Wasser und löse es auf. Diese Mi-

Allergien

Viele Aquarianer reagieren allergisch auf rote Mückenlarven. Neben starkem Juckreiz und Ausschlag kann es zu Atemproblemen kommen. Deshalb ist beim Hantieren Vorsicht geboten und Allergiker sollten Gummihandschuhe tragen oder ganz auf rote Mückenlarven verzichten.

schung gieße ich in ein *Artemia*-Sieb und spüle sie durch. Dann kann sie bedenkenlos den Fischen angeboten werden. Steht dieses Futter eine Weile an der Luft, verdirbt es recht schnell. Daher sollte es umgehend verfüttert werden. Achten Sie auf gute Qualität und Futtertiere aus speziellen Zuchten.

Kunstfutter

Kunstfutter beziehungsweise Trockenfutter, wie Granulatfutter, Flockenfutter, Futtertabletten und vieles mehr, ist auf die Bedürfnisse der Wassertiere abgestimmt. Sie sollten darauf achten, ob das Futter für ihre Tiere geeignet ist. Einige Fische fressen allerdings kein Kunstfutter, da sie nur sich bewegendes Lebendfutter annehmen.

Futter für Wirbellose

Die in diesem Buch vorgestellten Krebse und Garnelen ernähren sich überwiegend von lebenden oder toten Pflanzen. Bei den Garnelen der Gattungen *Caridina* und *Neocaridina* spielen dabei Algen eine wesentliche Rolle. Höhere Pflanzen werden von ihnen nicht gefressen. Das tun allerdings viele Krebse. Die Krebse der in diesem Buch vorgestellten Gattung *Cambarellus* lassen Pflanzen dagegen normalerweise in Ruhe.

In der Natur leben Krebse und Garnelen häufig in Ansammlungen von Laub, das sich vollgesogen in ruhigen Gewässerzonen ansammelt und dort verrottet. Diese zerfallenden Pflanzen und die beteiligten Kleinstlebewesen werden gefressen und scheinen einen positiven Einfluss auf die Entwicklung und Häutung zu haben. Für das Aquarium eignen sich besonders Buchen- sowie Eichenlaub, das man im Herbst oder Winter im Wald sammeln kann. Ich verwende häufig Laub vom Waldboden, dessen Zersetzungsprozess schon begonnen hat. Damit das Laub absinkt, kann man es entweder längere Zeit in einem Eimer wässern oder abkochen.

Es können herkömmliche Flocken-, Tabletten- und Granulatfutter verfüttert werden. Verstärkt werden inzwischen im Handel spezielle Futter für Garnelen und Krebse angeboten. Ein höherer Zelluloseanteil und *Spirulina*-Algen sind dabei häufige Kriterien, um seitens der Hersteller die Eignung

Crystal-Red-Garnelen fressen überbrühte Petersilie.

„für Krebse und Garnelen“ zu nennen. Gefrorene oder überbrühte Karotten, Erbsen, Petersilie, Spinat und Mangold sind weitere Möglichkeiten.

Ich selbst benutze für meine Tiere kein spezielles Futter, sondern greife auf verschiedene der genannten Futtermittel zurück, um meinen Tieren die bestmögliche Abwechslung zu bieten.

Kranke Fische

Krankheiten von Aquarienfischen sind für einen Laien meist recht schwer zu identifizieren. Es gibt verschiedene Parasiten, die einen Fisch befallen können. In der Regel gehen einer solchen Krankheit allerdings immer Unwohlsein und Stress voraus, so dass der Fisch geschwächt ist und eine Krankheit ausbrechen oder sich Parasiten ausbreiten können. Das Unwohlsein wird meist durch falsche Haltungsbedingungen, schlechte Wasserwerte oder falsche Vergesellschaftung ausgelöst. Auch neigen neu gekaufte Fische dazu, an einem parasitären Befall zu erkranken. Dies liegt häufig nicht am Händler, sondern an der die Fische belastenden Phase der Um- und Eingewöhnung in ihr neues Heim. Gesunde Fische tragen wie wir Menschen ständig Krankheitserreger bei oder in sich, ohne dass es ihnen schadet und Krankheiten ausbrechen. Wer seinen Tieren daher optimale Bedingungen bietet, regelmäßig Wasser wechselt und auf die Wasserwerte achtet, wird relativ wenig Ärger mit kranken Fischen haben.

Kranke Fische sind möglichst in ein gesondertes Aquarium, ein so genanntes Quarantänebecken, zu überführen und dort zu behandeln, damit sie keine weiteren Tiere anstecken und gezielt versorgt werden können. Ich möchte hier nur kurz die beiden häufigsten durch einzellige Parasiten verursachten Krankheiten vorstellen. Weiteres entnehmen Sie bitte der entsprechenden Fachliteratur.

Samtkrankheit

Die Samtkrankheit wird durch das Geißeltierchen *Piscinoodinium pillulare* ausgelöst, das die Fische mit einem samtigen Belag überzieht. Der frühere Gattungsname *Oodinium* wird auch heute noch im aquaristischen Sprachgebrauch für diese Krankheit benutzt. Stark befallene Fische sehen aus, als hätten sie ein Mehlbad genommen. Die Krankheit ist sehr ansteckend und somit werden im Aquarium meist alle Fische befallen. Die Behandlung erfolgt mit einer entsprechenden Medizin aus dem Fachhandel und der Erhöhung der Wassertemperatur auf 30 °C, die die Erreger nicht vertragen.

Kranke Fische erkennen

Es ist manchmal nicht leicht zu erkennen, ob ein Fisch krank ist. Folgende Symptome können auf eine Krankheit hinweisen:

1. Die Fische fressen nicht und magern ab.
2. Die Fische scheuern sich an Gegenständen.
3. Die Fische haben verklebte Flossen und schwimmen taumelnd.
4. Die Schuppen stehen ab.
5. Auf dem Körper befinden sich ein samtiger Belag oder kleine Punkte.
6. Wunden, Wucherungen oder hervortretende Augen treten auf.

Schmetterlingsbuntbarsch-Weibchen mit einigen deutlich sichtbaren *Ichthyophthirius*-Punkten.

Weißpünktchenkrankheit

Ähnlich wie die Samtkrankheit wird die Weißpünktchenkrankheit durch einen einzelligen Parasiten ausgelöst. Der Parasit *Ichthyophthirus multifiliis* ist größer als *Oodinium* und mit dem bloßen Auge einzeln erkennbar. Je früher die Krankheit erkannt wird, umso einfacher gelingt die Bekämpfung mit der entsprechenden Medizin aus dem Fachhandel.

Unerwünschte Mitbewohner

Als unerwünschte Mitbewohner möchte ich hier die Süßwasserpolypen, besser bekannt als *Hydra*, Strudelwürmer oder Planarien und einige Schnecken vorstellen.

Hydra

Die *Hydra* entstammt der griechischen Sage und ist eine neunköpfige Schlange, die Herkules als eine seiner Aufgaben töten musste. Immer, wenn er einen Kopf abschlug, wuchsen an seiner Stelle zwei neue nach. Die Süßwasserpolypen haben diesen Namen aufgrund ihrer Regenerationsfähigkeit und auch ihres Aussehens bekommen. Die im Aquarium bis zu 1 cm großen Hohltiere gehören zu den Nesseltieren.

Hydra-Arten sind im Prinzip ein am unteren Ende mit einer Fußscheibe verschlossener Schlauch, an dessen oberem Ende sich eine Öffnung befindet, die gleichzeitig der Nahrungsaufnahme und der Ausscheidung dient. Um sie herum befindet sich eine je nach Art unterschiedliche Anzahl von Tentakeln. Bei Gefahr zieht sich der Polyp zusammen, doch zur Nahrungssuche werden die Arme weit ausgestreckt. Die Polypen ernähren sich von kleinem Lebendfutter, aber auch von bis zu 5 mm langen Jungfischen.

Eine geringe Anzahl an *Hydra* im Aquarium ist in der Regel unproblematisch. Durch intensive Fütterung mit kleiner tierischer Kost wie *Cyclops* oder *Artemia*-Nauplien können sich die Süßwasserpolypen jedoch explosionsartig vermehren. Dies sieht nicht nur unschön aus, sondern kann kleinen Fischen zum Verhängnis werden.

Hydra schleppt man sich gelegentlich mit Lebendfutter oder mit Frostfutter ein. Die restlose Bekämpfung dieser Nesseltiere ist leider nur mit Chemie möglich. Dazu eignet sich unter anderem das Medikament Flubenol, das allerdings auch Schnecken tötet und nur beim Tierarzt erhältlich ist. Alternativ kann man *Hydra* stark reduzieren, indem man längere Zeit

Die mit einem Stück Fleisch bestückte Planarienfalle hat viele der lästigen Scheibenwürmer angezogen.

auf das ihr zusagende Futter verzichtet, wobei das bei verschiedenen Fischarten oder Jungfischen häufig nicht möglich ist. Auf Mittel auf Kupferbasis sollte verzichtet werden, da sich das Kupfer im Aquarium anreichert und somit langfristig keine Haltung von Garnelen und anderen auf Kupfer empfindlich reagierenden Aquarienbewohnern möglich ist.

Planarien

Die zu den Plattwürmern gehörenden Planarien werden in der Aquaristik teils auch als Scheibenwürmer bezeichnet, da man sie an den Scheiben meist als erstes entdeckt. Wo man nur wenige Scheibenwürmer sieht, gibt es schon sehr viel mehr. Planarien ernähren sich räuberisch und können in unseren Aquarien sehr unangenehm sein. Erwachsenen Fischen werden sie nicht gefährlich, allerdings sind Laich, hilflose Jungfische und frisch gehäutete Garnelen und Krebse eine willkommene Beute.

Leider bemerkt man einen Befall mit Planarien meist erst dann, wenn die Anzahl von Garnelen abnimmt und keine Jungfische mehr aufkommen. Planarien leben versteckt im Boden, unter Einrichtungsgegenständen oder im Filterschwamm. Sie verlassen ihr Versteck nur zum Fressen. Dann kann man die bis zu 1 cm großen, weißlichen Tiere gut beobachten. Da sie sich von Tierischem ernähren, kommen sie aus ihren Verstecken, wenn Frost- oder Lebendfutter angeboten werden. Sie schwimmen oder kriechen gezielt zum Futter. Planarien können sich massenhaft im Aquarium vermehren. Aufgrund ihrer Fähigkeit, sich aus nur kleinen Teilstücken komplett zu regenerieren, sind sie sogar begehrte Forschungsobjekte. Man schleppt sie mit Frost- oder Lebendfutter ein.

Die biologische Bekämpfung von Planarien ist kaum möglich, denn nur wenige Tiere fressen sie, und gänzlich lassen sie sich mit Fressfeinden nicht ausrotten. Man kann versuchen, sie aus dem Aquarium herauszufangen. Dazu gibt man ein kleines Stück Rindfleisch auf einer Schale ins Aquarium. Haben die Planarien diesen Köder besetzt, nimmt man die Schale samt Fang wieder heraus. Dies macht man so lange, bis keine Planarien mehr kommen. Auf jeden Fall darf man das Stück Fleisch nicht im Aquarium vergessen, da es sonst im Wasser verdirbt, das Wasser belastet und die Planarien sich sattfressen und noch stärker vermehren.

Füttert man regelmäßig Lebend- oder Frostfutter, lässt sich eine chemische Bekämpfung der Würmer kaum umgehen. Dazu muss zuallererst die Anzahl der Planarien soweit möglich (wie oben beschrieben) reduziert werden, um eine Wasserbelastung durch abgetötete Planarien weitestgehend zu vermeiden.

Für die Bekämpfung nimmt man eine kleine Messerspitze Flubenol, wie bereits bei *Hydra* beschrieben. Da Flubenol auch Schnecken tötet, müssen diese vorher in Sicherheit gebracht werden. Alternativ soll auch Panacur möglich sein, von dem man eine Vierteltablette auf 100 l Wasser verwendet. Es soll nur Planarien töten. Während der nächsten Tage führt man größere Wasserwechsel durch, um die Schadstoffe durch zerfallende Planarien aus dem Wasser zu entfernen. Eventuell müssen sie nach zwei Wochen erneut bekämpft werden, weil man beim ersten Mal nicht alle erwischt hat und sich aus den Eiern neue entwickelt haben.

Pflanzen oder Einrichtungsgegenstände aus einem mit Planarien befallen Becken können gesäubert werden, indem man sie einige Minuten lang in ein Sprudelbad aus kräftigem Mineralwasser taucht. Das tötet die Planarien weitestgehend ab.

Schnecken

Schnecken habe ich in das Kapitel der unerwünschten Aquarienbewohner aufgenommen, da sie für viele eher lästig als hilfreich erscheinen. Dies muss allerdings nicht so sein und es gibt inzwischen eine große Zahl von sehr schönen und interessanten Wasserschnecken, die ihren aquaristischen Freundeskreis haben.

Folgende drei Arten von Wasserschnecken sind im Wesentlichen unbeliebt: die Posthornschnecke, die Blasenschnecke und die Turmdeckelschnecke.

Posthornschnecken, *Planorbarius corneus*, werden meist bis zu 1,5 cm groß, sind flach und sehen aus wie ein Posthorn. Sie sind meist bräunlich, aber es gibt auch rötliche Zuchtformen. Sie ernähren sich von Algen und Futterresten. Ebenso wird kleiner Laich von Fischen gefressen. Die Eier werden in einem flachen Gelege an Scheiben und Einrichtungsgegenständen abgelegt.

Blasenschnecken, *Physella acuta*, bleiben etwas kleiner als Posthornschnecken, sind bräunlich und haben ein gedrehtes, spitz zulaufendes Gehäuse. Ihre Gelege sind glibberig. Sie ernähren sich wie die Posthornschnecke.

Turmdeckelschnecken, *Melanoides tuberculatus*, leben im Gegensatz zu den anderen beiden Arten vornehmlich im Aquarienboden. Sie haben ein gedrehtes, sehr spitz zulaufendes Gehäuse und sind hellbraun gefärbt. Ihren Namen haben sie daher, dass sie ihr Gehäuse mit einem Deckel fest verschließen können. Diese Schnecken sind lebendgebärend. Sie ernähren sich von abgestorbenen Pflanzen und Futterresten und erfüllen durch ihre Grabaktivitäten die Aufgabe, den Bodengrund aufzulockern. Sie haben damit im Aquarium mit dem Fressen toter Pflanzenteile die gleiche Aufgabe wie der Regenwurm im Garten. Vermehren sie sich nicht massenhaft, sind es damit Nützlinge.

Allen drei Arten ist gemein, dass ihre Vermehrung zunimmt, wenn mehr gefüttert wird als Fische, Garnelen und Krebse in kurzer Zeit fressen können. Die Schnecken sind die biologische Antwort auf Überfütterung. Ihre Bekämpfung erfolgt auf keinen Fall mit chemischen Mitteln, da das Absammeln und eine eingeschränkte Fütterung wesentlich schonender für die Mitbewohner sind. Im Handel gibt es Schneckenfallen, bei denen man jedoch aufpassen muss, dass keine Fische oder andere Tiere hineingeraten.

Blasenschnecken können bei starker Vermehrung lästig werden. Man sollte dann weniger füttern und die Schnecken absammeln.

Nano-Fische und Wirbellose

In diesem Teil des Buchs habe ich eine Sammlung verschiedenster Arten zusammengestellt, die nach meiner Erfahrung für ein kleines Aquarium geeignet sind. Nur für sehr wenige Tiere gilt, dass sie auch in Becken mit weniger als 20 l Inhalt gehalten werden können. Wenn ja, habe ich das entsprechend angegeben. Für Fische sollte schon mindestens ein 30-l-Becken zur Verfügung stehen, um flexibel zu sein und möglicherweise mehrere Tiere oder Arten vergesellschaften zu können.

Das Bundesministerium für Ernährung, Landwirtschaft und Verbraucherschutz hat im Jahr 1998 das Dokument „Mindestanforderung an die Haltung von Zierfischen (Süßwasser)“ herausgegeben. Dort weisen die kleinsten Aquarien, die zur Haltung von einigen Fischarten geeignet sind, mindestens 60 cm Länge und somit etwa 50 l Inhalt auf. Kleinere Becken sind demnach nur temporär für Zucht oder Quarantäne sowie für besonders kleine Arten gedacht, die einen geringen Platzbedarf haben. Ein Nano-Aquarium ist nach dieser Vorgabe eher als Artbecken mit nur einer Fischart zu verstehen.

Bei den Arten ist jeweils mit angegeben, welche anderen Arten ähnlich oder gleich gehalten werden können. Ich gebe hier im Wesentlichen Erfahrungen aus meiner aquaristischen Laufbahn wieder. Andere mögen andere Erfahrungen gemacht haben. Die einzelnen Arten wurden entsprechend ihrer aquaristisch üblichen Einteilung gruppiert.

Linke Seite: Purpur-Ziersalmler, *Nannostomus mortenthaleri*, sind herrliche Blickfänge in einem gut bepflanzten und strukturierten Aquarium (Artbeschreibung siehe Seite 53).

Zwergbuntbarsche

Als Zwergbuntbarsche werden kleine Buntbarsche von weniger als 10 cm Größe bezeichnet. Viele davon gehören der Gattung *Apistogramma* aus Südamerika an. Buntbarsche zeigen häufig ein territoriales Verhalten, weshalb in einem kleinen Aquarium nur ein Paar gehalten werden kann. Da es unter den Partnern ebenso zu Aggressionen kommen kann, muss für Notfälle ein Ausweichaquarium zur Verfügung stehen. Bei den hier genannten Arten ist es jedoch meist möglich, ein Paar erfolgreich in einem 30-l-Aquarium zu pflegen und sogar zur Zucht zu bewegen. Dass die Jungfische, wenn sie selbstständig sind, in ein anderes Aquarium umgesetzt werden müssen, ist selbstverständlich.

Auswahl der Arten

Wir wollen unsere Fische und Wirbellosen im Nano-Aquarium dauerhaft pflegen und müssen sie daher gezielt auswählen. Folgende Aspekte sind für die Auswahl der richtigen Tiere notwendig:

1. Geringe Größe.
2. Wenig Schwimmbedarf.
3. Eingeschränktes oder kein Revierverhalten (bei Haltung mehrerer Tiere/Arten), da wenig Ausweichmöglichkeit zur Verfügung steht.
4. Außer- und innerartlich friedlich, um eine Vergesellschaftung auf geringem Raum zu ermöglichen.
5. Geringe Vermehrungsrate zur langfristigen Haltung ohne Zusatzaquarium.
6. Wenig schreckhaft, da kaum Raum zum Verstecken.
7. Pflanzenverträglich, da die Pflanzen für das biologische Gleichgewicht wichtig sind.

Das Männchen von *Apistogramma rubrolineata* zeigt eine kräftige dunkelrote Streifung.

In Gesellschaft

Der Rotlinien-Zwergbuntbarsch ist sehr friedlich und verhält sich auch anderen Fischen gegenüber zurückhaltend. Eine Vergesellschaftung mit kleinen Harnischwelsen ist möglich. Weitere Fische sollten nicht zugesetzt werden, da sie, wenn die Buntbarsche in Brutstimmung kommen, zu sehr getrieben werden könnten.

Rotlinien-Zwergbuntbarsch, *Apistogramma rubrolineata*

Beschreibung: Rotlinien-Zwergbuntbarsche werden im männlichen Geschlecht bis zu 6 cm groß. Die Weibchen bleiben mit 4 cm wie bei allen *Apistogramma*-Arten deutlich kleiner. Während die Weibchen zur Brut das klassische Gelb mit Längsstreifen zeigen, haben die Männchen eine kräftige dunkle Längszeichnung mit sieben dunkelroten Binden. Außerdem zeigen sie am Körper und in den Flossen teils ein irisierendes Blau und verlängerte Rücken- und Bauchflossen.

Vorkommen: Die Art wurde aus dem Río Manuripí (Bolivien), einem Schwarzwasserfluss, mit einem pH-Wert um 6 beschrieben.

Pflege: Die Haltung erfolgt paarweise in einem gut strukturierten Aquarium. Es sollte mit höher werdenden Pflanzen bestückt sein, da sich die Buntbarsche sonst meist nur im unteren Bereich aufhalten. Höhlen aus kleinen, halbierten Kokosnüssen oder Ton dürfen zum Verstecken und als Laichplatz nicht fehlen. Das Wasser sollte weich bis mittelhart und leicht sauer (um pH 6) sein. Als Futter werden jegliches Kunstfutter sowie Frost- und Lebendfutter angenommen.

Zucht: Die Art ist ein Höhlenlaicher. Das Weibchen übernimmt die Betreuung der Jungfische, während das Männchen das Revier verteidigt. Ohne Feindfische, wie es in einem Nano-Aquarium der Fall ist, kann es vorkommen, dass sich der Vater ebenfalls an der Betreuung der Brut beteiligt.

Ähnliche Arten: Gelber Zwergbuntbarsch (*Apistogramma borelli*), Dreistreifen-Zwergbuntbarsch (*Apistogramma trifasciata*).

Schmetterlingsbuntbarsch, *Mikrogeophagus ramirezi*

Beschreibung: Der bis zu 6 cm große südamerikanische Schmetterlingsbuntbarsch hat eine gelbe Grundzeichnung mit angedeuteter dunkler Querbänderung. Farblich bestechen seine roten Augen und irisierenden blauen Punkte am ganzen Körper. Männchen werden etwas größer als die Weibchen und haben ausgezogene erste Rückenflossenstrahlen sowie längere Bauchflossen. Weibchen haben einen rötlichen Bauch. Es gibt verschiedene Zuchtformen, die teils größer sind oder verlängerte Flossen besitzen. Auch wurde die gelbe Grundfarbe oder die blaue Zeichnung verstärkt.

Vorkommen: Die Buntbarsche kommen aus dem Einzugsgebiet des mittleren Orinoco (Venezuela, Kolumbien) aus weichen und sauren Gewässern.

Brutpflegeprobleme

Leider ist es recht schwer, ein Schmetterlingsbuntbarsch-Paar zu finden, das seine Eier und Jungfische selbstständig aufzieht. Durch die künstliche Aufzucht in Zuchtbetrieben ist den Schmetterlingsbuntbarschen vielfach das Elternverhalten abhanden gekommen. So fressen viele Paare in den ersten Tagen ihre Eier oder Larven auf. Ebenso kann es vorkommen, dass die Elterntiere zwar verstreut schwimmende Jungfische mit dem Maul einsammeln, sie aber nicht wieder ausspucken, sondern verschlucken. Gelegentlich geschieht das nur wenige Male, bevor die Aufzucht dann doch funktioniert. Wenn nicht, sollte man von einer künstlichen Aufzucht absehen, da man dadurch diesen Teufelskreis nur weiter unterstützt.

Pflege: Das Aquarium sollte mit Pflanzen und kleinen Wurzeln gut strukturiert eingerichtet sein. Der Bodengrund hat eine Körnung von etwa 2 mm und wird dunkel gewählt, um die Farben der Fische zu unterstützen. Das Wasser sollte weich bis mittelhart bei pH-Werten zwischen 5,5 und 6,5 sein. Wenig belastetes Wasser und regelmäßige Wasserwechsel sind ein Muss für die erfolgreiche Pflege der meist bis maximal drei Jahre alt werdenden Zwergbuntbarsche. Die Temperatur sollte um 25 °C liegen, auch wenn sie in der Natur bei höheren Werten vorkommen. Dadurch altern sie nicht so schnell.
Zucht: Die Schmetterlingsbuntbarsche sind Offenlaicher, die in flachen, selbstausgehobenen Gruben im Bodengrund oder auf flachen Steinen ablaichen. Aus den bis zu 300 Eiern schlüpfen nach fast zwei Tagen die Jungtiere, die dann von den Elterntieren ins Maul genommen und umgebettet werden. Nach weiteren drei Tagen schwimmen die Jungfische frei und werden von beiden Eltern durchs Aquarium geführt. Da die Kleinen am Anfang kaum frisch geschlüpfte *Artemia* bewältigen können, muss feineres Futter (Pantoffeltierchen oder Mikroälchen) zugefüttert werden. Die Jungfische wachsen bei guter Fütterung und guter Wasserqualität sehr schnell.

In Gesellschaft

Man sollte versuchen, ein Paar Schmetterlingsbuntbarsche zu erwerben, das sich bereits aus einer Gruppe gefunden hat und miteinander harmoniert. Eine Vergesellschaftung mit klein bleibenden Harnischwelsen ist gut möglich. Man muss das Zwergbuntbarsch-Paar gut beobachten, um das Weibchen in ein anderes Becken setzen zu können, wenn es vom Männchen zu sehr bedrängt wird.

Pärchen des Schmetterlingsbuntbarschs (oben das Männchen, unten das Weibchen).

Sie können bereits mit vier Monaten geschlechtsreif sein. Aufgrund der hohen Jungfischanzahl und dem schnellen Wachstum muss ein entsprechendes zusätzliches Aquarium für die Aufzucht zur Verfügung stehen, da ein Nano-Aquarium viel zu klein für eine solche Fischanzahl ist.
Ähnliche Arten: Keine.

Gebänderter Schneckenbuntbarsch, *Neolamprologus brevis*

Beschreibung: Der Körper ist hell bräunlich und hat eine feine schimmernde Zeichnung, die bei den Männchen stärker ausgeprägt ist. Die Männchen werden mit 6 cm deutlich größer als die etwa 4 cm großen Weibchen und wirken insgesamt bulliger, während die Weibchen schlanker erscheinen. Ablaichbereite Weibchen zeigen einen leicht gelblichen Bauch.
Vorkommen: Die Schneckenbuntbarsche kommen aus dem ostafrikanischen Tanganjikasee und bewohnen dort sandige Bereiche. Als Versteck und Ablaichplatz nutzen sie leere Schneckengehäuse.
Pflege: Das Aquarium wird mit hellem, feinem Sand und vielen Schneckenhäusern in Größe von Weinbergschneckenhäusern eingerichtet. Da die Fische sich vor allem am Boden aufhalten, werden flachere Aquarien bevorzugt. Auf Steinen kann man Javafarn oder *Anubias* festbinden. Die Filterung sollte gut, aber nicht zu kräftig sein. Aufgrund der wenigen Pflanzen ist ein regelmäßiger Wasserwechsel dringend angeraten. Die Temperatur sollte um 25 °C liegen. Das Wasser ist mittelhart bis hart bei einem pH-Wert um 8. Gefüttert wird mit Lebend-, Frost- und Flockenfutter.
Zucht: Die Paare laichen in Schneckenhäusern ab, die das Männchen vorher im Sand eingegraben hat, so dass nur noch die Öffnung herausschaut. Das Weibchen ist so klein, dass es in das Schneckenhaus passt, während das Männchen bei der Paarung den Samen von außen hineinfächelt. Haben die Fische abgelaicht, hält sich das Weibchen meist im Schneckenhaus auf und das Männchen bewacht das Revier. Nach etwa zwei Wochen verlassen die kleinen Buntbarsche mit einer Größe von etwa 6 mm das Schneckenhaus und können direkt mit *Artemia* gefüttert werden. Die Eltern führen die bis zu 40 Jungen nicht wie andere Zwergbuntbarsche. Die Kleinen halten sich in der Nähe der Eltern auf, sind mit gut vier Monaten geschlechtsreif und mit einem Dreivierteljahr ausgewachsen. Bald nach dem Verlassen des Schneckenhauses sollte man die Jungfische herausfangen und gesondert aufziehen, denn ein Nano-Aquarium ist für eine solche Jungfischschar viel zu klein.
Ähnliche Arten: Gestreifter Schneckenbuntbarsch (*Neolamprologus multifasciatus*).

Schneckenhäuser

Leere Schneckenhäuser von Weinbergschnecken, *Helix pomatia*, findet man gelegentlich bei Spaziergängen. Weinbergschnecken bevorzugen eine offene oder parkähnliche Landschaft mit kalkhaltigem Boden. Da sie in Deutschland unter Schutz stehen, darf man nur leere Gehäuse sammeln. Alternativ kann man Gehäuse leer oder samt Schnecke und Knoblauchbutter im Feinkosthandel kaufen. Nach einem leckeren (?) Mahl kann man die gut gesäuberten Schneckenhäuser für das Aquarium verwenden.

Harmonie ist Voraussetzung

An die Pflege von Schneckenbuntbarschen in kleinen Aquarien sollten sich nur erfahrene Aquarianer wagen, denn einfacher ist die Haltung in größeren Becken. Allerdings kann ein gut harmonierendes Paar bei guter Pflege und regelmäßigen Wasserwechseln in einem Aquarium ab 30 l ebenfalls Freude bereiten und sich wohlfühlen, denn die Tiere orientieren sich stark an ihrem Schneckenhaus und schwimmen wenig umher. Eine Vergesellschaftung mit anderen Fischen bietet sich nicht an. Zur Algenbekämpfung kann eine Rennschnecke eingesetzt werden.

Neolamprologis-brevis-Pärchen vor seinem Schneckenhaus (oben Männchen, unten Weibchen).

Killifische

Als Killifische werden die Eierlegenden Zahnkarpfen bezeichnet. Die ersten wurden in den Entwässerungsgräben (holländisch Kills) der holländischen Kolonien in Nordamerika gefunden. Eierlegende Zahnkarpfen kommen in über 770 Arten auf allen Kontinenten mit Ausnahme Australiens in den Subtropen und Tropen vor. Die farbenprächtigsten Arten stammen aus den tropischen Gebieten Afrikas und Amerikas, wo die meisten von ihnen kleine Bäche und Rinnsale besiedeln. Einige Arten sind Saisonfische, die in der Regenzeit Dauereier legen, die die Trockenzeit im Bodengrund überstehen, während sie selbst am Ende der Regenzeit im austrocknenden Gewässer verenden.

Die meisten Killifische leben einzelgängerisch. Sie können sowohl gegenüber Artgenossen als auch gegenüber artfremden Fischen aggressiv sein, weswegen man sie in einem Nano-Aquarium vorzugsweise allein (ein Männchen mit mehreren Weibchen) hält. Natürlich kommen nur die kleinen Arten in Frage.

Zwerghechtling, *Aplocheilus parvus*

Beschreibung: Zwerghechtlinge werden nur bis zu 4 cm groß. Bei erwachsenen Tieren kann man die Geschlechter gut unterscheiden, denn die Männchen haben verlängerte, bunte Rücken- und Afterflossen sowie auf hellem Grund mehr grünlich irisierende Punkte. Weibchen besitzen transparente Flossen und sind mit Laichansatz dicker. Beide Geschlechter zeigen im Ansatz der Rückenflosse einen dunklen Punkt.

Vorkommen: Der Zwerghechtling kommt aus Südostindien und Sri Lanka, wo er in den Küstengewässern sogar im leicht brackigen Wasser lebt. Er hält sich dort im flachen Wasser der Ufervegetation auf.

Pflege: Dicht bepflanzte Aquarien, die teils durch Schwimmpflanzen abgedunkelt sind, kommen den kleinen Hechtlingen entgegen. Das Aquarium muss nicht hoch sein, denn die Tiere mögen flache Aquarien und halten sich meist bei dichter Schwimmpflanzendecke im oberen Drittel auf. Aufgrund ihrer guten Anpassungsfähigkeit kann das Wasser weich bis mittelhart bei einem pH-Wert um 7 sein. Die Temperatur sollte bei 25–27 °C liegen. Als Futter sollte man den Zwerghechtlingen am besten kleines

In Gesellschaft

Zwerghechtlinge sind friedlich und recht scheu. Hält man eine kleine Gruppe von vier bis sechs Tieren in einem 20-l-Becken, bekommt man sie auch zu Gesicht. Eine Vergesellschaftung mit kleinen Bärblingen ist gut möglich. In Sri Lanka kommen die Hechtlinge gemeinsam mit der Ceylon-Zwergbarbe vor. Sie können auch mit ihr gemeinsam gehalten werden.

Männchen des Zwerghechtlings, *Aplocheilus parvus.*

Lebendfutter (*Artemia*, *Cyclops*, kleine Wasserflöhe und schwarze Mückenlarven) anbieten.

Zucht: Feine Pflanzen wie Javamoos oder ein Wollmopp dienen als Laichsubstrat. Bei kräftiger Fütterung mit Lebendfutter können die Fische regelmäßig darin ablaichen. Die Eientwicklung dauert etwa zwei Wochen. Die Jungfische werden mit lebenden *Artemia*-Nauplien aufgezogen. Ist das Aquarium dicht bepflanzt, wachsen im Elternbecken immer ein paar Jungtiere auf.

Ähnliche Arten: *Aplocheilus blockii.*

In Gesellschaft

Der friedliche und recht zurückhaltende Kap-Lopez-Prachtkärpfling, der sich oft im mittleren und unteren Aquarienbereich aufhält, kann mit kleinen Bärblingen wie der Schmetterlingsbarbe, *Barbus hulstaerti*, vergesellschaftet werden.

Kap-Lopez-Prachtkärpfling, *Aphyosemion australe*

Beschreibung: Dieser Prachtkärpfling wird bis zu 6 cm groß und ist insbesondere im männlichen Geschlecht sehr farbenprächtig. Die Männchen haben lang ausgezogene Flossen, während die der Weibchen rundlich sind. Die Schwanzflosse der Männchen weist einen rot-gelben Abschluss sowie oben und unten weiße Flossenspitzen auf. Auf dem farbigen Körper befinden sich rote Punkte. Einer gelben Zuchtform fehlt die dunkle Grundfarbe.

Vorkommen: Der Name „Kap Lopez“ beschreibt das Fanggebiet Kap Lopez nordwestlich der Stadt Port Gentil in Gabun. Tatsächlich ist dieser Killifisch von Nordgabun bis in die südlichste Demokratische Republik Kongo verbreitet. Er ist meist in langsam fließenden verkrauteten Gewässern mit Mulm und Pflanzenresten am Boden zu finden.

Pflege: Für die Einrichtung des Aquariums eignen sich Javamoos und andere feinfiedrige Pflanzen. Etwas Fasertorf und Laub am Aquarienboden simulieren die natürlichen Biotope. Dunkler Bodengrund und nicht zu helle Beleuchtung verstärken die Farben der Fische. Dieser Killifisch sollte bei Temperaturen um 22 °C, also nicht zu warm gehalten werden. Weiches

Wollmopp herstellen

Einen Wollmopp, in dem Killifische ablaichen können, kann man einfach selbst herstellen. Dazu nimmt man dicke Wolle aus dunkler Kunstfaser, die nicht färbt. Nun schneidet man 30 cm lange Fäden ab. Einen Bund aus 30 bis 50 Fäden legt man in der Mitte um einen Weinkorken und bindet ihn mit einem Faden fest, so dass er am Korken hält. Alternativ kann man die Fäden auch mit einem Tacker befestigen. Diesen Mopp hängt man an einer dunklen Stelle mit etwas Strömung ins Aquarium. Gibt es ansonsten keine feinen Pflanzen und keine eierfressenden Fische, kann man die unempfindlichen Eier vom Mopp absammeln und zum Schlupf bringen.

bis mittelhartes Wasser im leicht sauren Bereich um pH-Wert 6 ist passend. Die Fütterung erfolgt möglichst mit feinem Lebendfutter wie *Cyclops*, schwarzen Mückenlarven, kleinen Wasserflöhen oder *Artemia*. Wurmfutter wie Enchyträen oder *Tubifex* sollte man nur selten füttern, damit die Tiere nicht verfetten. Frostfutter wird ebenfalls gefressen, Flockenfutter allerdings nur selten angerührt.

Zucht: Die Fische laichen nach interessanter Balz in feinen Pflanzen ab. Die Eier können abgesammelt und, wie bei einigen Killifischen üblich, in feuchten Torf überführt werden. Geschützt von einer Plastiktüte entwickeln sie sich in einem Zeitraum von einigen Wochen. Gibt man die fertigen Eier dann ins Wasser, verlassen die Jungfische nach kurzer Zeit die Eihülle. Sie können mit frisch geschlüpften *Artemia*-Nauplien aufgezogen werden. Alternativ belässt man die Eier im Aquarium, und nach etwa zwei Wochen schlüpfen die Jungen, die nach dem Freischwimmen gefüttert werden. In einem 20-l-Aquarium hält man als Zuchtansatz ein Männchen und zwei bis drei Weibchen. Mehrere Männchen zeigen ihr interessantes Imponiergehabe, doch sollte man genau aufpassen, dass in einem Nano-Aquarium kein Tier unterdrückt wird.

Ähnliche Arten: Andere kleine *Aphyosemion*-Arten.

Kap-Lopez-Prachtkärpfling, Männchen der goldenen Zuchtform.

Salmler

Salmler kommen aus den tropischen Seen und Flüssen Mittel- und Südamerikas sowie aus Zentralafrika. Die meisten Salmler tragen eine kleine Fettflosse zwischen Rückenflosse und Schwanzflosse. Neben über 1 m groß werdenden Arten gibt es nur wenige Zentimeter große, die für die Nano-Aquaristik gut geeignet sind. Meist denken wir, dass Salmler Schwarmfische seien, was jedoch vielfach nicht der Fall ist. So sind einige der bekannten Aquarienfische in der Natur sogar territorial und versuchen auch im Aquarium kleine Reviere zu bilden. Daher sollte man immer daran denken, dass Salmler nicht gleich Salmler ist und sich über die gewünschte Art genau informieren.

In Gesellschaft

Schilfsalmler bilden in der Natur teilweise Gemeinschaften mit dem Sichelfleck-Panzerwels, *Corydoras hastatus*, der nahezu identisch gezeichnet ist. Daher kann man sie im Aquarium ebenfalls vergesellschaften. Um diesen kontrastreichen Eindruck zu ergänzen, kann man Ohrgitterharnischwelse hinzusetzen.

Schilfsalmler, *Hyphessobrycon elachys*

Beschreibung: Schilfsalmler werden nur 2,5 cm groß. Sie haben eine silbrige Körperfärbung mit einer markanten Schwarz-Weiß-Zeichnung an der Schwanzwurzel. Die Männchen besitzen verlängerte Flossen, während die Weibchen wesentlich fülliger werden. Die Zeichnung mit dem markanten Signalfleck kommt bei einigen Fischarten vor. Er dient in der Natur als Orientierung für die Artgenossen, wenn die Fische im Schwarm unterwegs sind und stellt ein „Bitte folgen!"-Signal dar.
Vorkommen: Schilfsalmler kommen aus Südamerika (Paraguay).
Pflege: Als recht ruhige und zurückhaltende Fische benötigen die Schilfsalmler eine gute und teils hohe Bepflanzung, in die sie sich zurückziehen können. In einem 30-l-Aquarium kann man eine Gruppe von maximal zehn Tieren pflegen. Die Temperatur sollte um 25 °C liegen, während das Wasser weich bis mittelhart bei einem pH-Wert um 6,5 sein sollte. Die Fütterung erfolgt mit kleinem Lebendfutter oder feinem Kunstfutter.
Zucht: Schilfsalmler sind Freilaicher, die sich in einem mit viel Javamoos eingerichteten Aquarium vermehren können. Dazu ist leicht saures und sauberes Wasser notwendig. Im Dickicht des Mooses werden dann gelegentlich ein paar Jungfische groß, da die Eltern kaum alle Eier entdecken und fressen werden. Die Jungtiere finden dort genügend Futter für die ersten Tage, ehe sie *Artemia* fressen.
Ähnliche Arten: Keine.

Schilfsalmler sind keine Farbwunder, aber durch die silbrige Zeichnung mit schwarzweißer Schwanzwurzel ähnlich gezeichnet wie *Corydoras hastatus*.

Der Funkensalmler, *Hyphessobrycon amandae*, zeigt bei Wohlbefinden ein kräftiges Orangerot.

Funkensalmler, *Hyphessobrycon amandae*

Beschreibung: Der Funkensalmler wird vielfach auch als Feuer- oder Erdbeersalmler bezeichnet. Die Fische werden nur bis zu 3 cm groß und sind unterschiedlich intensiv orange gefärbt. Meist zeigt das Männchen mehr Farbe, während das Weibchen fülliger und etwas größer ist. Je wohler sich die Tiere fühlen, desto intensiver ist die Färbung.
Vorkommen: Die Funkensalmler kommen aus dem Araguaia-Flussbecken im Einzugsbereich des Rio das Mortes im Staat Mato Grosso (Brasilien).
Pflege: Dunkler Bodengrund, eine dichte Hintergrundbepflanzung und schwach saures Wasser um pH-Wert 6 sind zu empfehlen. Wird das Wasser mit Erlenzäpfchen oder etwas Torf bräunlich gefärbt, wirken die Farben noch intensiver. Das Aquarium sollte nicht zu intensiv beleuchtet werden. In einem 30-l-Becken kann ein Schwarm von 10 bis 15 Tieren gehalten werden. Eine Wassertemperatur um 26 °C ist ideal. Gefüttert wird mit kleinem Lebend- oder Frost- sowie feinem Flockenfutter.
Zucht: Abgelaicht wird in sauberem und saurem (pH-Wert 5,5) Wasser bei Temperaturen um 27 °C. Feine Pflanzen wie Javamoos dienen als Laichsubstrat. Die Eltern stellen den Eiern nach. Ist die Schicht aus feinen Pflanzen allerdings dicht genug, werden nicht alle Eier gefunden, und die Jungfische können sich in ihrem Schutz entwickeln. Anfangs finden sie im alteingerichteten Aquarium kleinstes Futter oder werden mit Pantoffeltierchen ernährt. Nach einigen Tagen fressen sie bereits *Artemia*-Nauplien.
Ähnliche Arten: Keine.

In Gesellschaft

Funkensalmler sind friedlich und lassen sich gut mit kleinen Panzerwelsen und Harnischwelsen vergesellschaften. Das Zusammensetzen mit anderen kleinen Salmlern oder Bärblingen ist in einem Nano-Aquarium aufgrund des geringen Platzangebots nicht angebracht.

Purpur-Ziersalmler, *Nannostomus mortenthaleri*

Beschreibung: Der Purpur-Ziersalmler wird bis zu 4 cm groß. Die Tiere haben eine deutliche dunkle Längszeichnung und sind recht schlank. Die Männchen bestechen durch ihr intensives Rot, das die Weibchen nicht zeigen. Die Fische haben wie alle Ziersalmler ein kleines Maul.
Vorkommen: Purpur-Ziersalmler bewohnen kleine Fließgewässer im Gebiet des mittleren und oberen Rio Nanay sowie dem Rio Tigre (Peru).
Pflege: Damit die Fische richtig zur Geltung kommen, sollte das Aquarium dicht bepflanzt sein und ausreichenden Schwimmraum aufweisen. Dunkler Bodengrund und eine nur mäßige Beleuchtung sind von Vorteil. Das Was-

Männchen der dem Purpur-Ziersalmler ähnlichen Art *Nannostomus rubrocaudatus* besitzen ebenfalls eine kräftig rote Bauchfärbung. Der Purpur-Ziersamler, *Nannostomus mortenthaleri*, ist auf S. 44 abgebildet.

ser sollte weich und mit einem pH-Wert um 6,5 leicht sauer sein. Gefüttert wird mit feinem Lebend- und Frostfutter (*Cyclops* und schwarze Mückenlarven). Gute Granulat- und Flockenfutter werden ebenso angenommen.
Zucht: Zur Zucht werden die Temperatur leicht erhöht und der pH-Wert auf unter 6 abgesenkt. Männchen in Brutstimmung sind untereinander recht unverträglich, worauf besonders geachtet werden muss. In einem Aquarium von bis zu 30 l Inhalt ist die Zucht mit nur einem Männchen angebracht. Mit Lebendfutter, vor allem schwarzen Mückenlarven, wird das Ablaichen in feinfiedrigen Pflanzen angeregt. Da die Ziersalmler Laichräuber sind, kommen meist nur wenig Jungfische zum Schlupf. Sie sind sehr klein und haben ein kleines Maul, weshalb sie in den ersten Tagen mit Infusorien wie Pantoffeltierchen gefüttert werden müssen, die sie allerdings auch in einem alt eingerichteten Aquarium in ausreichender Menge finden.
Ähnliche Arten: Die verwandten Zwergziersalmler *Nannostomus marginatus*, (Dreibinden-Ziersalmler), *Nannostomus trifasciatus* und *Nannostomus rubrocaudatus* (bekannt als *Nannostomus* sp. „Purple") können entsprechend gehalten werden. Jenseits des Atlantiks auf afrikanischer Seite leben ähnliche Arten wie der Afrikanische Dreistreifensalmler, *Neolebias trilineatus*, und andere Arten der Gattung *Neolebias*. Auch kleine Arten der Gattung *Ladigesia* wie *Ladigesia roloffi* sind gut geeignet und genauso zu pflegen.

Revierbildung

Zwergziersalmler-Männchen können untereinander recht aggressiv sein, weshalb das Aquarium mindestens 30 l Volumen aufweisen sollte und gegebenenfalls nur ein Männchen pro Becken zu halten ist. Setzt man einen kleinen Schwarm von acht Tieren (davon mindestens drei Männchen) ein, verteilt sich die Aggression und die Männchen haben kaum Gelegenheit, eigene kleine Reviere zu bilden. Eine Vergesellschaftung dieser im ganzen Aquarium umherschwimmenden Fische sollte nur mit kleinen Harnischwelsen erfolgen. Kleine Panzerwelse als Beifische wären auch möglich, wobei sie natürlich den Laich der Salmler fressen.

Moskitorasboras, *Boraras brigittae*, sind gut für kleine Aquarien geeignet.

Barben und Bärblinge

Karpfenartige (*Cypriniformes*), zu denen die Barben und Bärblinge gehören, kommen in Europa, Asien und Afrika vor und dominieren vielfach die dortige Fischfauna. In Südostasien ist der Artenreichtum am größten. Von den Salmlern sind Barben und Bärblinge meist durch die fehlende Fettflosse zwischen Rücken- und Schwanzflosse zu unterscheiden. Einige Barbenarten besitzen Barteln am Maul.

Moskitorasbora, *Boraras brigittae*

Beschreibung: Die Moskitorasbora gehört mit weniger als 3 cm Größe zu den für die Nano-Aquaristik geeigneten Arten. Sie zeichnet sich durch ein dunkles Längsband mit einem darüber liegenden roten, schmalen Band aus. Diese Zeichnung ähnelt *Boraras urophthalmoides*, wobei bei *Boraras brigittae* die Männchen, wenn sie sich wohl fühlen, eine sehr kräftige rote Körperzeichnung zeigen. Die Weibchen sind dicker und nicht so intensiv gefärbt. Der deutsche Name beschreibt nicht die Größe der Fische, sondern die für den Beschreiber lästigen Moskitos auf dem Weg zum Fundort.
Vorkommen: Schwarzwasserflüsse und -seen Südborneos.
Pflege: Den *Boraras*-Arten kommen eine dichte Hintergrundbepflanzung, freier Schwimmraum im Vordergrund und feine Pflanzen am Boden (zum Beispiel Javamoos) entgegen. Gedämpftes Licht und dunkler Bodengrund sowie leicht bräunliches Wasser fördern das Wohlbefinden und unterstreichen die Farbenpracht. Weiches Wasser bei pH-Werten um 6,5 sowie Temperaturen um 26 °C sind ideal. Bereits in Aquarien ab 20 l Volumen kann man eine kleine Gruppe von 10 bis 15 Tieren sehr gut halten, denn die Fische mögen die Gesellschaft ihresgleichen und kommen in der Natur in größerer Anzahl als Schwarm vor. Die kleinen Bärblingen fressen am liebsten kleines Lebendfutter wie *Artemia*, kleine Wasserflöhe und *Cyclops*, nehmen aber auch feines Granulatfutter an.
Zucht: Die Bärblinge laichen in feinen Pflanzen ab. In einer dicken Javamoosschicht werden immer wieder ein paar Jungfische groß, obwohl die Eltern ihren Eiern und kleinen Larven nachstellen.
Ähnliche Arten: Weitere verwandte Zwergbärblinge wie *Boraras urophthalmoides*, *B. maculata* und *B. micros* können wie *B. brigittae* gehalten werden.

In Gesellschaft

Die *Boraras*-Arten sind sehr friedlich und können mit allen anderen Fischen vergesellschaftet werden, die die Bärblinge nicht belästigen. Eine Haltung zusammen mit Zwerggarnelen ist ebenfalls möglich, wobei von den Fischen gelegentlich Garnelen-Babys gefressen werden können.

Männchen des Perlhuhnbärblings, *Celestichthys margaritatus*.

Namenswirrwarr

Im Handel erschien der Perlhuhnbärbling anfänglich unter dem Namen *Microrasbora* sp. „Galaxy“. Er wurde als *Celestichthys margaritatus* beschrieben, wird heute jedoch von einigen Ichthyologen in die Gattung *Danio* gestellt. Andere zweifeln wiederum die Richtigkeit dieser Zuordnung an, weshalb ich hier beim in seiner Erstbeschreibung genannten wissenschaftlichen Namen bleibe.

Perlhuhnbärbling, *Celestichthys margaritatus*

Beschreibung: Der Perlhuhnbärbling, auch Galaxy-Bärbling genannt, erhielt seinen deutschen Namen aufgrund der hellen Punkte auf dunklem Untergrund, die an die Zeichnung der Perlhühner oder an eine Galaxie am Nachthimmel erinnern. Die Männchen haben intensiv rote Flossen, während die der Weibchen blasser sind. Die Fische werden nur 3 cm groß und sind recht ängstlich.

Vorkommen: Der kleine Bärbling wurde erst 2006 entdeckt und kommt – anders als vermutet – in einem größeren Gebiet in Myanmar und Thailand vor. Da die Fische Höhenlagen um 1000 m bewohnen, ist das Wasser in ihrem Lebensraum mit 22–24 °C nicht sonderlich warm. Angeblich hat es einen pH-Wert über 7.

Pflege: Eine sehr dichte Bepflanzung bis unter die Wasseroberfläche ist im hinteren Bereich des Nano-Aquariums absolut notwendig, damit sich diese zurückhaltenden Fische vor den neugierigen Blicken des Aquarianers schützen können. Ein dunkler Bodengrund wirkt bei dieser Art ebenfalls farbfördernd. Die Fische sind anspruchslos und lassen sich in mittelhartem Wasser bei pH-Werten um 7 gut halten und züchten. Die Temperatur sollte nicht zu hoch sein und kann um 23 °C liegen. Die Fütterung erfolgt mit feinem Lebendfutter. Frostfutter und feines Trockenfutter werden ebenfalls gefressen.

Zuchtansatz

Möchte man Perlhuhnbärblinge in größerer Zahl züchten, füttert man die Alttiere gut mit Lebendfutter wie *Artemia* und kleinen schwarzen Mückenlarven. Zum Ablaichen setzt man sie dann in ein kleines, mit viel Javamoos eingerichtetes Becken, das mit 20 °C kühlem Frischwasser gefüllt wurde. Hier bleiben die Zuchttiere bis zu drei Tage lang, bevor man sie wieder herausfängt. Die ersten Tage ernähren sich die Jungfische von Infusorien aus dem Aquarium oder zugefütterten Pantoffeltierchen. Nach einigen weiteren Tagen nehmen sie frisch geschlüpfte *Artemia*-Nauplien an und können mit diesem Futter aufgezogen werden.

Zucht: Die Bärblinge laichen bei regelmäßigen Wasserwechseln bereitwillig in feinen Pflanzen ab. Sie sind nach meiner Erfahrung allerdings extreme Laichfresser, die kaum ein Ei übersehen. Jungfischen wird dagegen nicht nachgestellt.
Ähnliche Arten: Nah verwandt und ähnlich zu halten ist der Blauband-Zwergbärbling, *Danio erythromicron*, der auch als *Microrasbora erythromicron* bezeichnet wird.
Bemerkungen: Leider tauchen im Handel vielfach Tiere auf, die extrem eingefallene Bäuche haben. Wenn überhaupt, dann ist es nur mit sehr viel Mühe und Lebendfutter wie *Artemia*-Nauplien, *Cyclops* oder kleinen Mückenlarven möglich, diese Todeskandidaten zu retten. Perlhuhnbärblinge sind allein gehalten extrem scheue Fische, die man in einem größeren Aquarium kaum zu Gesicht bekäme. Daher kann man zum Kontrast und um ihnen die Scheu zu nehmen eine kleine Gruppe von acht Tieren mit einem kleinen Schwarm *Boraras* vergesellschaften.

Axelrods Bärbling, *Sundadanio axelrodi*

Beschreibung: Der hübsche, kleine Bärbling kommt abhängig vom Fundort in drei Farbvarianten (blau, rot und grün) vor. In der Aquaristik am häufigsten ist die blaue Variante. Alle Formen zeigen eine dunkelrote Afterflosse, die bei Männchen etwas größer und am Ende schwarz gefärbt ist. Außerdem sind Männchen intensiver gefärbt und Weibchen mit Laichansatz etwas dicker. Mit knapp unter 2,5 cm Länge bleibt die Art klein.
Vorkommen: Wie der Gattungsname bereits vermuten lässt, stammt *Sundadanio axelrodi* von den großen Sundainseln (Sumatra, Borneo) und einigen kleineren Nebeninseln.
Pflege: Das Aquarium für eine Gruppe von zehn Tieren sollte nicht unter 30 l Volumen aufweisen und mit vielen Pflanzen, aber auch freiem Schwimmraum ausgestattet sein. Dunkler Bodengrund sowie helle und dunkle Bereiche kommen den Fischen entgegen. Leicht saures (pH-Wert um 6), weiches bis mittelhartes Wasser und eine Temperatur um 24 °C sind ausreichend. Die Art kann empfindlich auf belastetes Wasser reagieren, weshalb regelmäßige Wasserwechsel notwendig sind. Verfüttert wird kleines Lebend- oder Frostfutter, wobei feines Trocken- und Granulatfutter ebenso angenommen wird.

In Gesellschaft

Axelrods Bärblinge sind wenig scheu und stehen häufig in freiem Wasser. Sie fühlen sich in kleinen Gruppen wohler, schwimmen allerdings nicht im Schwarm. Sie können mit *Boraras*-Arten sowie kleinen Harnisch- und Panzerwelsen vergesellschaftet werden.

Sundadanio axelrodi besticht bei wenig Licht durch die kräftig blau irrisierende Farbe.

Zucht: Die Zucht kann im Daueransatz in einem Aquarium mit viel Javamoos erfolgen. Das Wasser muss weich und sauer (pH-Wert um 5) sein. Die Fische laichen im Javamoos, und die sehr kleinen Jungfische finden dort die erste Nahrung, bis sie nach einigen Tagen frisch geschlüpfte *Artemia* fressen.
Ähnliche Arten: Keine.

In Gesellschaft

Kardinalfische habe ich in dieses Buch aufgenommen, da es sich lohnt, sich einmal intensiv mit diesem Arbeiterneon zu beschäftigen. 30-l-Aquarien kann man als grenzwertig ansehen, da darin nur maximal zwei Männchen und vier Weibchen zu halten sind. Sollten sie sich vermehren, stellt sich schnell Überbevölkerung ein. Von einer Vergesellschaftung mit anderen Fischen sollte man in kleinen Aquarien absehen. In größeren Becken kann man Arten auswählen, die ebenfalls niedrige Temperaturen bevorzugen.

Kardinalfisch, *Tanichthys albonubes*

Beschreibung: Kardinalfische werden bis zu 5 cm groß. Häufig bleiben sie jedoch mit gut 4 cm etwas kleiner. Sie haben eine bräunliche Grundfarbe mit hellem Längsstreifen und etwas Rot in Schwanz- und Rückenflosse. Männchen sind intensiver gefärbt, während Weibchen durch den Laichansatz fülliger wirken. Aufgrund seines leuchtenden Streifens, seiner einfachen Halt- und Züchtbarkeit bei Zimmertemperatur sowie seines geringen Preises wurde der Kardinalfisch früher als „Arbeiterneon" bezeichnet.
Vorkommen: Bergbäche in der Nähe von Hongkong (Südchina).
Pflege: Da Kardinalfische schwimmfreudig sind und die Männchen die Weibchen sowie ihre Rivalen beim Balzen kräftig durch das Aquarium jagen können, muss diesen Bedürfnissen Rechnung getragen werden. Das Aquarium ist somit im Hintergrund und am Boden reichlich mit feinen Pflanzen zu versehen und beispielsweise durch feine Moorkienwurzeln zu strukturieren, denn Männchen besetzen kleine Reviere. Auf eine Heizung kann verzichtet werden, denn die Fische bevorzugen Zimmertemperaturen um 20 °C. Langfristige Temperaturen über 25 °C mögen sie nicht, kränkeln dann leicht und werden nicht alt. Das Wasser kann weich bis hart bei einem pH-Wert um 7 sein. An Futter wird alles gefressen, was in das Maul passt, am liebsten natürlich Lebendfutter.
Zucht: Die Zucht ist einfach. Nach heftigem Balzen und Treiben laicht das Paar in feinen Pflanzen ab. Der Laich wird gelegentlich gefressen, doch sollte trotzdem genügend Nachwuchs überleben. Die Jungen schlüpfen nach etwa zwei Tagen und werden nach dem Freischwimmen mit Pantoffeltierchen angefüttert. Meist finden sie allerdings in den feinen Pflanzen genug Erstnahrung. Nach einer Woche nehmen sie frisch geschlüpfte *Artemia* an. Hält man mehrere Männchen in einem Aquarium, stecken sie kleine Reviere ab und führen Imponiertänze vor ihren Rivalen auf.
Ähnliche Arten: Vietnamesischer Kardinalfisch, *Tanichthys micagemmae.*

Gut genährte Kardinalfische nach der Fütterung.

Schmetterlingsbarben-Paar (hinten das Weibchen, vorn das an seinen gelb-schwarzen Flossen zu erkennende Männchen).

Schmetterlingsbarbe, *Barbus hulstaerti*

Beschreibung: Die kleine, bis 3,5 cm groß werdende Barbe ist ansprechend gefärbt. Die schwarzfleckige Zeichnung wird beim Männchen von teilweise gelben Flossen unterbrochen. Auf beigefarbenem Untergrund weisen die Fische seitlich zwei große schwarze Flecke und einen zusätzlichen auf der Schwanzwurzel auf. Der Name der Barbe rührt wohl von ihrem flatternden Schwimmen beim Balzen her.

Vorkommen: Schmetterlingsbarben kommen aus dem zentralen Kongobecken südlich des Kongo-Hauptflusses unterhalb der 500-m-Höhenlinie (Einzugsgebiete des Tshuapa, Maringa, Lokoro, Lukenie). Sie leben in kleinsten Regenwaldbächen mit sandigem Bodengrund. Die Bäche sind mit 21–23 °C kühl, weich und recht sauer (pH-Wert von 5–5,7). Schmetterlingsbarben fressen dort vor allem kleine Krebse und Insektenlarven.

Pflege: Die kleine Barbe sollte bei einem pH-Wert von unter 7 in weichem Wasser bei einer Wassertemperatur von 20–24 °C gehalten werden. Regelmäßige Wasserwechsel von 10–20 % mit kühlem Wasser fördern die Gesundheit. Da die Schmetterlingsbarbe ein zurückhaltender Fisch ist, der sich gern versteckt hält, wird das Aquarium mit vielen Pflanzen eingerichtet. Der Bodengrund sollte dunkel und die Beleuchtung schwach sein, damit die Farben zur Geltung kommen und die Fische nicht blass erscheinen. Bei mir haben sich der Kongo-Wasserfarn, *Bolbitis heudelotii*, und das Javamoos als ideale Gewächse bewährt, da sich beide auch in kühleren Becken mit saurem Wasser und relativ wenig Licht zufriedengeben. Der Farn

Ruhige Gesellschaft

Die friedlichen Schmetterlingsbarben mögen keine Unruhe vor dem Aquarium und ziehen sich bei Störung ins Pflanzendickicht zurück. Eine Vergesellschaftung mit anderen Fischen ist möglich, wenn diese klein, friedlich und nicht zu hektisch sind. Eine Vergesellschaftung mit Zwerggarnelen ist gut machbar, wobei diese möglicherweise den Laich der Barben fressen. Dafür werden sich die Barben an den Garnelenbabys vergreifen. Bei ausreichend Moos im Wasser sollte das allerdings unproblematisch sein und von Barben und Garnelen können jeweils Jungtiere heranwachsen. Bei einer Vergesellschaftung mit kleinen Panzerwelsen werden allerdings nach eigener Erfahrung alle Barbeneier gefressen.

wächst im Hintergrund bis an die Wasseroberfläche und das Moos in einer 10 cm dicken Schicht am Boden. Die Fütterung erfolgt mit kleinem Lebend- oder Frostfutter sowie feinem Granulat.
Zucht: Erste Zuchtberichte gaben an, dass bei den Nachzuchten fast ausschließlich Männchen erzielt wurden. Die Abhängigkeit der Geschlechterverteilung von pH-Wert und Wassertemperatur ist somit zu erwarten. Temperaturen um 21 °C und ein pH-Wert von knapp unter 7 ergaben einen größeren Anteil an Weibchen, weshalb die Tiere zur Zucht entsprechend kühl gehalten werden sollten. Dicke, rosa Bäuche bei den Weibchen zeigen einen Laichansatz an. Bei mir laichen die Barben im Javamoos ab. Ob die Fische ihre eigenen Eier fressen, vermag ich nicht zu sagen. Auffällig ist, dass die Alttiere ihren frei schwimmenden Jungen nicht nachstellen, und dass sich die Babys mit gerade einmal 3 mm Länge gefahrlos in der Nähe ihrer Eltern aufhalten können. Daher müssen die Barben nicht in einem separaten Zuchtbecken angesetzt werden. Im Gegensatz zu den Alttieren halten sich die Jungtiere im freien Wasser auf. Die Fütterung der Kleinen erfolgt zu Anfang mit Pantoffeltierchen, Mikroälchen und Essigälchen. Nach etwa einer Woche werden auch frisch geschlüpfte *Artemia*-Nauplien genommen. Mit etwa sechs Wochen sind die Jungtiere bereits 1 cm groß und sehen aus wie die Eltern, allerdings ohne die gelbe Farbe in den Flossen der Männchen.
Ähnliche Arten: *Barbus candens* und *Barbus papilio* sind aus angrenzenden Regenwaldgebieten beschrieben worden und haben ähnliche Anforderungen, werden allerdings kaum im Handel angeboten. Die kleine Rote Zwergbarbe (*Barbus jae*) aus Kamerun ist ebenso zu halten.

In Gesellschaft

In Aquarien ab 30 l Volumen kann eine Gruppe von 10–15 Ceylon-Zwergbarben mit einem Paar Schwarzer Spitzschwanzmakropoden, *Pseudosphromenus cupanus*, oder einigen Zwerghechtlingen, *Aplocheilus parvus*, entsprechend ihrer natürlichen Biotope vergesellschaftet werden.

Ceylon-Zwergbarbe, *Horadandia atukorali*

Beschreibung: *Horadandia atukorali* ist mit maximal 2,5 cm Länge die kleinste Barbe Sri Lankas. Ihre Färbung kann man als silbrig-weißweinfarbig mit Tendenz zu grün beschreiben. Damit ist sie kein sonderliches Farbwunder. Die Männchen bleiben kleiner als die Weibchen, sind schlanker und in Balzstimmung etwas intensiver gefärbt. Die Art wird mit unter zwei Jahren nicht sehr alt.
Vorkommen: Die Ceylon-Zwergbarbe kommt im Küstenbereich Sri Lankas in den vielen kleinen Stauseen und Reisfeldzuflüssen vor. Dort halten sich die Fische im verkrauteten Uferbereich auf. Die Wasserwerte dürften um 25–28 °C bei pH 6–7 liegen. Nachweisen konnte ich die Ceylon-Zwergbarbe zusammen mit Zwerghechtlingen, *Aplocheilus parvus*, und Schwarzen Spitzschwanzmakropoden, *Pseudosphromenus cupanus*.
Pflege: Der Heimat dieser Fische sollte man Rechnung tragen und das Aquarium am Rand dicht bepflanzen. Bei dunklem Bodengrund und mäßiger Beleuchtung werden aus den ansonsten grauen Fischen gelblich grün glänzende Juwelen. Regelmäßige Wasserwechsel, ein pH-Wert von knapp unter 7, weiches Wasser und eine Temperatur um 25 °C sind bei diesen Fischchen sinnvoll. Die Fütterung erfolgt mit kleinem Lebend- oder Frostfutter. Trockenfutter wird nicht so gern angenommen.
Zucht: Die Zucht ist nicht ganz so einfach und erfolgt am besten im Daueransatz im Haltungsbecken. Eine dichte Moosschicht dient dabei als Ablaichsubstrat und Zufluchtsort für die Jungfische. Die Eier werden von den Eltern gefressen, wobei sie im engen Pflanzengeflecht nicht alle finden werden. Die Jungfische sind sehr klein und ernähren sich zuerst von Infusorien. Sie werden mit Pantoffeltierchen gefüttert oder finden ausreichend

Die Ceylon-Zwergbarbe fühlt sich in der Gruppe wohl und schwimmt gern im Schwarm. Einzeln sind die Tiere recht scheu.

Nahrung in den Pflanzen. Bei guter Pflege sind die Jungfische nach vier Wochen schon fast 1 cm groß und nach einem Vierteljahr fast so groß wie die Eltern.
Ähnliche Arten: Der etwas kleiner bleibende Smaragdbärbling, *Microdevario kubotai* (Synonym: *Microrasbora kubotai*), aus Thailand ist ähnlich gefärbt und hat ähnliche Ansprüche.

Lebendgebärende

Lebendgebärende sind wohl die Klassiker, wenn es darum geht, Fische für das 60-cm-Einsteigerbecken auszusuchen. Schnell wird zu Guppy, Platy, Molly und Schwertträger gegriffen, sogar wenn das Aquarium für die Fische und ihren Nachwuchs zu klein ist. Sind Lebendgebärende, die sich angeblich wie die Guppys millionenfach vermehren, überhaupt für ein Nano Aquarium geeignet? Ja, denn es gibt einige Arten, die zwar etwas anspruchvoller als der Guppy, *Poecilia reticulata*, aber dennoch für 30-l-Aquarien geeignet sind.

Adulte Weibchen tragen meist einen deutlichen Trächtigkeitsfleck, an dem sie von den Männchen zu unterscheiden sind. Männchen besitzen dagegen ein Gonopodium, die zum Begattungsorgan umgewandelte Afterflosse. Jungtiere kommen voll entwickelt zur Welt.

Pfauenaugenkärpfling, *Micropoecilia picta*

Beschreibung: Die farblich sehr attraktiven Männchen werden bis zu 3,5 cm groß und besitzen in der oberen Schwanzflossenpartie den namengebenden Pfauenaugenfleck. Weibchen sehen in ihrem einheitlich grauen Farbkleid wie typische Wildguppy-Weibchen aus und erreichen Größen von 4,5 cm. Besonders attraktiv und begehrt ist die rote Farbvariante, deren Männchen eine leuchtend orangerote Grundfärbung zeigen.
Vorkommen: *Micropoecilia picta* lebt in verschiedenen oftmals leicht brackigen Biotopen in Venezuela und Guyana sowie in Trinidad und Tobago, also im Norden Südamerikas.

Der Pfauenaugenkärpfling, *Micropoecilia picta*, ist in der roten Zuchtform sehr begehrt, lässt sich allerdings schwer über mehrere Generationen züchten.

In Gesellschaft

Die Vergesellschaftung des Pfauenaugenkärpflings mit kleinen Harnischwelsen und Panzerwelsen ist gut möglich. Dabei darf man das Aquarium jedoch nicht überbesetzen.

Pflege: Es hat sich gezeigt, dass die Art weiches, leicht saures Wasser bevorzugt. Wichtig sind ein geringer Nitratgehalt und regelmäßige Wasserwechsel. Dabei sollten sich die Wasserwerte nicht zu extrem ändern. Ich habe gute Erfahrungen mit weichem Wasser, aber nur leicht saurem pH-Wert gemacht. Diese dem Guppy sehr ähnlichen Fische bevorzugen viel freien Schwimmraum, ziehen sich aber gelegentlich auch in die Randbepflanzung zurück. Junge Pfauenaugenkärpflinge orientieren sich stark an die Oberfläche und suchen dort Schutz in den Schwimmpflanzen. Ein Aquarium für diese Kärpflinge wird mit feinen Hintergrundpflanzen eingerichtet, die sich auch über die Oberfläche ausbreiten können. Feine Holzwurzeln sowie Laub am Boden geben dem Aquarium Struktur und Versteckplätze für die Weibchen, falls die Männchen zu stark treiben. Ein pH-Wert um 6,5 und eine Temperatur um 25 °C sind für diese Art geeignet. Eine Fütterung vornehmlich mit Lebend- oder Frostfutter ist unumgänglich. Dabei werden schwarze Mückenlarven, kleine Wasserflöhe und *Artemia* besonders gern gefressen.

Zucht: Pfauenaugenkärpflinge sind Lebendgebärende, die manchmal ihren eigenen Jungfischen nachstellen. Daher ist eine dichte Schwimmpflanzendecke sinnvoll. Die Jungfische können dann abgefischt und getrennt aufgezogen werden. Sie fressen sofort kleine *Artemia*. Warum die Vermehrung nach einer gewissen Zeit trotz dicker Weibchen nicht gelingt, ist noch nicht geklärt.

Ähnliche Arten: *Micropoecilia minima* ist ebenfalls ein sehr kleiner guppyähnlicher Lebendgebärender, der allerdings dauerhaft nur mit kleinem Lebendfutter wie *Artemia*-Nauplien und *Cyclops* zu halten ist. Der Guppy, *Poecila reticulata*, sowie der Endler-Guppy, *Poecilia wingei*, die sich auch miteinander kreuzen, sind aufgrund ihrer starken Vermehrung und damit schnellen Überbevölkerung kleiner Aquarien nur sehr eingeschränkt für die dauerhafte Haltung in einem Nano-Aquarium geeignet.

Zwergkärpfling, *Heterandria formosa*

Beschreibung: Der Zwergkärpfling gehört zu den kleinsten Lebendgebärenden Zahnkarpfen. Die Männchen werden nur etwa 2 cm und die Weibchen 3,5 cm groß. Auf gelblich braunem Körper verläuft ein breites, dunkles Längsband. Die Flossen sind transparent. Die Männchen sind schlank und besitzen ein Gonopodium, während die Weibchen fülliger sind.

Vorkommen: Zwergkärpflinge kommen aus dem Südosten der USA und sind in ganz Florida verbreitet. Sie bewohnen stark verkrautete Teiche oder Tümpel und kommen nicht in Fließgewässern vor. In den Pflanzen suchen sie Schutz und kleines Lebendfutter.

Pflege: Das Aquarium für diese geselligen Fische sollte dicht bepflanzt sein, denn sie sind keine Freiwasserschwimmer. Die Wasserwerte sind nebensächlich. So fühlen sich Zwergkärpflinge sowohl in weichem als auch in hartem Wasser bei einem pH-Wert um 7 wohl. Temperaturschwankungen über den Tag als auch über das Jahr hinweg fördern die Gesundheit. Es ist keine Heizung notwendig, wenn die Wassertemperatur zwischen 15 °C und 30 °C schwankt und normalerweise zwischen 20 °C und 25 °C liegt. Die Fische sollten in einer Gruppe gehalten werden, in der die Anzahl der Weibchen überwiegt, damit sie sich gelegentlich von den Zudringlichkeiten der Männchen ausruhen können. Als Futter wird kleines Lebendfutter wie *Cyclops* oder *Artemia* sowie Mikro gereicht. Ebenso wird feines Staubfutter gefressen.

Zucht: In dicht bepflanzten Becken ist die Zucht einfach, wenn viel kleines Lebendfutter angeboten wird und das Aquarium dicht bewachsen ist. Die Alttiere stellen dann den Jungfischen nicht nach. Die Weibchen setzen jedoch nicht alle Jungtiere auf einmal ab, sondern gebären über mehrere Tage hinweg immer nur ein bis zwei Junge pro Tag (sogenannte Superfötation).

Ähnliche Arten: Es gibt keine ähnlichen Arten mit vergleichbar geringen Ansprüche an die Wasserwerte.

In Gesellschaft

Zur Vergesellschaftung mit Zwergkärpflingen eignen sich Zwergpanzerwelse, wenn die Temperatur für sie geeignet ist. Verzichtet man auf die Heizung und schwanken die Temperaturen stark, bietet sich eher eine Arthaltung an.

Pärchen des Zwergkärpflings (Weibchen oben und Männchen unten).

Dominierende Zwergschwertträger-Männchen zeigen ein leuchtendes Gelb. Sie sind allerdings häufig kleiner und schlanker als die anderen Männchen.

Zwergschwertträger, *Xiphophorus pygmaeus*

Beschreibung: Der Zwergschwertträger ist die kleinste Schwertträgerart. Die Männchen werden 3,5 cm und die Weibchen 4,5 cm groß. Nur bei adulten Männchen kann man die maximal 2 mm starke Verlängerung des unteren Teils der Schwanzflosse erkennen, die der Gattung den Namen gegeben hat. Männchen und Weibchen tragen ein dunkles, zickzackförmiges Längsband auf dem Körper. Beide Geschlechter schimmern an der Bauchseite leicht bläulich. Dominante Männchen sind intensiv gelb gefärbt, wobei sie interessanterweise sogar häufig kleiner und schlanker als ihre unterlegenen Geschlechtsgenossen sind.

Vorkommen: Zwergschwertträger wurden zuerst im Einzugsbereich des Rio Axtla im Norden Mexikos auf der Golfseite entdeckt. Sie kommen in den ruhigeren Zonen schnell fließender Flüssen zwischen ins Wasser ragenden Pflanzen vor. Die Wassertemperatur darf zwischen 18 °C und 26 °C schwanken.

Pflege: Auch wenn Zwergschwertträger recht klein sind, so sind sie doch sehr aktive Schwimmer und benötigen viel Platz. Ein Aquarium mit 30 l Volumen ist grenzwertig und sollte maximal ein Heim für ein Männchen und drei Weibchen sein. Die Weibchen müssen in der Überzahl sein, da die Männchen heftig balzen und die Weibchen sich zwischendurch erholen müssen. Der pH-Wert sollte leicht basisch sein (etwas über pH 7), wobei auch Werte im sauren Bereich ab pH 6 aufwärts bei entsprechender Gewöhnung gut vertragen werden. Die Wassertemperatur kann zwischen 18 und 25 °C liegen. Das Aquarium muss dicht bepflanzt sein, damit sich die Weibchen und Jungfische verstecken können. Zwergschwertträger ernähren sich vorwiegend tierisch. Es sollten *Cylops*, kleine Wasserflöhe und *Artemia*-Nauplien gefroren oder lebend angeboten werden. Gutes Trockenfutter wird ebenfalls angenommen, bevorzugt von der Wasseroberfläche. Wichtig ist eine häufige und regelmäßige Fütterung, da die Tiere nach meiner Erfahrung nicht genug Reserven haben, um längere Zeit zu hungern.

Zucht: Wenn das Futter fein und nährreich ist, werden von den Weibchen einmal im Monat bis zu 15 Jungfische geboren, die mit etwa 5 mm Länge bereits recht groß sind und die Zeichnung der Weibchen aufweisen. Da die Alttiere den Jungen nicht aggressiv nachstellen, werden in gut bepflanzten Aquarien bei regelmäßiger Fütterung mit passendem Futter wie frisch geschlüpften *Artemia* immer einige Jungtiere groß. Das Wachstum ist schnell, so dass sie abhängig von der Wassertemperatur und dem Futter bereits im Alter von drei bis vier Monaten geschlechtsreif sind. Leider hat sich zumindest bei mir ergeben, dass die Männchen teilweise bis zu 90 % der Nachzuchten ausmachen, was nicht gerade erfreulich ist. Es muss rechtzeitig ein Ausweichaquarium für die Nachzuchten zur Verfügung stehen, um eine Überbevölkerung zu vermeiden.
Ähnliche Arten: Keine.

In Gesellschaft
Eine Vergesellschaftung der Zwergschwertträger mit Harnischwelsen oder Ohrgitterharnischwelsen ist gut möglich. Sollten sich die Männchen zu aggressiv verhalten, müssen die Fische in ein größeres Aquarium umziehen.

Blauaugen

Blauaugen sind kleine und mit wenigen Ausnahmen farbenfrohe Fische, die ursprünglich zu den Regenbogenfischen gezählt wurden. Die meisten Arten gehören zur Gattung *Pseudomugil*. Sie besiedeln küstennahe Gewässer im Norden, Nordwesten und Osten von Australien sowie Neuguinea. Bei der Pflege einiger Blauaugenarten empfiehlt es sich, dem Wasser etwas Salz zuzusetzen. Bei den meisten Arten sind die Männchen farbenprächtiger und besitzen verlängerte Brustflossen. Die Fische sind oberflächenorientiert.

Gepunktetes Blauauge, *Pseudomugil gertrudae*

Beschreibung: Die bis zu 3 cm großen Fische haben eine gelbliche Grundfarbe mit dunklen Punkten. Die Brustflossen sind je nach Standortform gelblich, weißlich oder sogar rötlich gefärbt. Männchen bekommen längere Flossen und tanzen mit den langen Brustflossen wie Schmetterlinge vor den Weibchen.
Vorkommen: *Pseudomugil gertrudae* ist weit verbreitet und kommt in Australien, Neuguinea und auf den Aru-Inseln in verschiedenen Farbvarianten vor.

Pseudomugil-gertrudae-Männchen besitzen längere und farbigere Flossen als die Weibchen.

In Gesellschaft

Gepunktete Blauaugen können gut mit kleinen Zwerggarnelen und Zwergpanzerwelsen vergesellschaftet werden.

Pflege: Obwohl die Blauaugen recht klein sind, sind sie sehr schwimmfreudig, weshalb Aquarien ab 30 l für ein Trio von einem Männchen mit zwei Weibchen Mindestmaß sind. Für den Hintergrund ist eine feinblättrige Bepflanzung zu wählen. Es muss genügend Schwimmraum frei sein. Weiches bis mittelhartes Wasser bei einem pH-Wert um 7 und eine Temperatur um 25 °C sind passend, wobei die Tiere anpassungsfähig sind. Leicht gedämpftes Licht und dunkler Bodengrund bringen die Farben zur Geltung. Die Fische fressen gern kleines Lebendfutter, nehmen allerdings auch Flocken- oder Granulatfutter von der Oberfläche.
Zucht: Die Blauaugen laichen in feinen Pflanzen ab, nachdem das Männchen das Weibchen heftig angebalzt hat. Alternativ kann auch ein Wollmopp zum Ablaichen ins Becken gehängt werden. Die Jungen schlüpfen nach bis zu vier Wochen. Sie sind klein und werden in kleinen Aquarien leicht von den Eltern gefressen. Daher können die recht großen Eier täglich abgesammelt und in einem separaten Becken zum Schlupf gebracht werden. Die Aufzucht erfolgt mit *Artemia*-Nauplien.
Ähnliche Arten: Das Genetzte Blauauge, *Pseudomugil reticulatus*, bleibt ebenfalls klein und kann einfach gehalten und nachgezüchtet werden, ist allerdings selten im Handel erhältlich. Das Blaurücken-Blauauge, *Pseudomugil cyanodorsalis*, kann ebenfalls in einem kleinen Aquarium gepflegt werden, benötigt allerdings 5–20 g Meersalz im Wasser.

Blaubarsche

Als Blaubarsche werden die kleinen, barschartigen Fische Asiens bezeichnet, die vornehmlich in Indien, Nepal, Myanmar und China vorkommen. Die Familie der Blaubarsche, Badidae, besteht aus den größeren Fischen der Gattung *Badis* und den kleinen *Dario*-Arten, die aufgrund ihrer Größe für kleine Aquarien besser geeignet sind.

In Gesellschaft

Eine Vergesellschaftung der *Dario*-Arten ist zum Beispiel mit kleinen *Boraras*-Arten gut möglich. Bei mehreren Männchen im Aquarium kann es zu Streitigkeiten kommen. Werden sie zu heftig, kann nur ein Männchen im Aquarium gehalten werden.

Zwergblaubarsch, *Dario dario*

Beschreibung: Zwergblaubarsche werden nur 2,5 cm groß. Männchen zeigen in Brutstimmung eine kräftige, scharlachrote Querstreifung mit ebenfalls roten Flossen. Rücken- und Afterflosse sind von einem hellblauen Streifen begrenzt. Die ersten Strahlen der Bauchflossen können bei älteren Männchen stark verlängert sein. Weibchen sowie unterdrückte Männchen sind schlicht grau mit teils dunkelgrauer Querstreifung. Die ersten Flossenstrahlen der Bauchflossen sind nicht verlängert. Bei Jungtieren sind die Geschlechtsunterschiede kaum zu erkennen.
Vorkommen: Die Art stammt aus kleinen, schwach fließenden Bächen West-Bengalens und Assams. Das Wasser ist weich bei einem pH-Wert um 6,5.
Pflege: Die kleinen Blaubarsche bevorzugen gut bepflanzte Aquarien mit Verstecken. Ist der Bodengrund dunkel und sind zumindest Teile des Aquariums beschattet, kommen die Farben der Männchen besser zur Geltung. Das Wasser sollte bei einem pH-Wert um 6,5 weich bis mittelhart sein. Die Wassertemperatur kann schwanken und sollte zwischen 20 °C und 25 °C liegen. Als Futter wird Lebendfutter, wie verschiedene Mückenlarven, kleine Wasserflöhe und *Cyclops*, bevorzugt. Natürlich fressen die Fische gern *Artemia*-Nauplien. Mit etwas Gewöhnung nehmen sie Frostfutter an. Trockenfutter wird meist verschmäht.
Zucht: Männchen verteidigen kleine Reviere. Sind die Tiere in Brutstimmung, tanzt das Männchen flatternd vor dem Weibchen und sie laichen umschlungen in feinen Pflanzen ab. Als Dauerlaicher legen sie immer nur

Pärchen von *Dario dario*, bei dem das Männchen deutlich farbiger ist als das unscheinbare Weibchen.

wenige Eier ab. Jungfische werden nicht von den Eltern betreut. Durch die Revierverteidigung sind die bodenorientierten kleinen Blaubarsche jedoch einem gewissen Schutz unterworfen. Die sehr kleinen Jungfische fressen erst nach einer Woche *Artemia*-Nauplien und ernähren sich vorher von Kleinstlebewesen, die sie in einem alteingerichteten Aquarium finden. Natürlich kann mit Pantoffeltierchen zugefüttert werden.
Ähnliche Arten: Verwandte Arten der Gattung *Dario* wie *Dario dayingensis* und *Dario hysginon* können ähnlich gehalten werden, wobei ein Männchen in einem kleinen Nano-Aquarium ausreicht.

Labyrinthfische

Labyrinthfische stammen aus Asien und Afrika. Sie besitzen zusätzlich zu den Kiemen noch das Labyrinthorgan, mit dem sie Luft von der Wasseroberfläche atmen können. Aufgrund dieser Fähigkeit überleben Labyrinthfische auch in sauerstoffarmem Wasser, wie warmen oder langsam fließenden bis stehenden Gewässern. Solche Extrembedingungen kommen allerdings nicht bei allen Arten vor. Viele Labyrinthfische sind uns als Schaumnestbauer bekannt. Einige sind Maulbrüter und nur wenige laichen frei zwischen den Pflanzen ab. Die meisten betreiben Brutpflege und besetzen während dieser Zeit ein Revier. Typisch bei der Begattung ist, dass das Männchen dabei das Weibchen umschlingt.

Friedlicher Kampffisch, *Betta imbellis*

Beschreibung: Der Friedliche Kampffisch wird 5 cm groß, und die Männchen sind mit ihrem kräftig schimmernden, blauen Körper und den Rot der Flossen sehr farbenprächtig. Die kürzeren Flossen, die schlankere Form und der rundlichere Kopf unterscheiden die Art von den Hochzuchten ihres aggressiveren Verwandten *Betta splendens*. Die Weibchen sind unscheinbarer gefärbt und haben eine bräunliche Körpergrundfarbe.
Vorkommen: *Betta imbellis* kommt aus sumpfigen Gebieten, Kanälen und Überschwemmungsbereichen Ostthailands und Malaysias. Die Wasser-

Das *Betta-imbellis*-Männchen aus Vietnam besitzt kürzere Flossen als die bekannten Zuchtformen von *Betta splendens*.

In Gesellschaft

Ein Nano-Aquarium sollte nur ein Pärchen oder ein Männchen und zwei Weibchen des Friedlichen Kampffischs beherbergen. Haben die Tiere abgelaicht, muss achtgegeben werden, ob das Weibchen zu sehr aus dem Nestbereich vertrieben und angegriffen wird. Dann ist es in ein anderes Aquarium umzusetzen. Eine Vergesellschaftung mit anderen Arten ist in kleinen Becken nicht ratsam.

werte schwanken zwischen pH-Wert 5 und 7 bei Temperaturen von 20 bis über 30 °C.

Pflege: Als ruhiger, zurückhaltender Fisch liebt der Friedliche Kampfisch Aquarien mit vielen Versteckplätzen aus Pflanzen und Wurzeln. Die Wasseroberfläche sollte zumindest zum Teil mit Schwimmpflanzen bedeckt sein und nur wenig Strömung aufweisen, damit die Männchen Schaumnester bauen können. Da die Tiere gut springen können, muss das Aquarium dicht abgedeckt sein. Es empfiehlt sich ein pH-Wert zwischen 6 und 7 bei weichem bis mittelhartem Wasser und Temperaturen um 25 °C, die leicht schwanken können. In einem kleinen Becken können die Fische paarweise gehalten werden. Obacht ist darauf zu geben, ob das Weibchen zu stark unterdrückt wird, wenn die Fische abgelaicht haben und das Männchen sein Nest bewacht. Verfüttern kann man weiße und schwarze Mückenlarven. Flockenfutter wird ebenfalls angenommen.

Zucht: Die Männchen bauen an der Wasseroberfläche ein Schaumnest aus Luftblasen. Der Nestbau kann durch eine Temperaturerhöhung auf 28 °C und ein Absenken des Wasserstandes angeregt werden. Kräftige Fütterung mit schwarzen Mückenlarven fördert beim Weibchen die Laichbildung. Unter dem Schaumnest umschlingt sich das Paar, und abgegebene Laichkörner werden vom Männchen mit dem Maul aufgenommen und ins Nest gespuckt, während das Weibchen in einer Art Starre verharrt. Das Männchen bewacht das Nest. Die nach zwei Tagen schlüpfenden Jungen verlassen das Schaumnest nach weiteren drei Tagen. Die Jungen können in ein gesondertes Aufzuchtaquarium überführt und dort mit Pantoffeltierchen angefüttert werden. Nach einer Woche nehmen sie *Artemia*-Nauplien an und die Aufzucht ist dann problemlos.

Ähnliche Arten: *Betta coccina* und *Betta persephone* sind ebenfalls interessante Kampffische, die klein bleiben und zumindest für die Zucht in kleinen Aquarien untergebracht werden können.

Honiggurami, *Trichogaster chuna*

Beschreibung: Der auch als *Colisa chuna* bekannte Honiggurami bleibt mit maximal 5 cm klein. Während der Balz sind die Geschlechter einfach zu unterscheiden, da Männchen dann kräftig rotorange gefärbt sind. Sie zeigen außerdem eine golden leuchtende Rückenflosse und ihre Unterseite ist schwarz. Die Weibchen sind durchgehend hell bräunlich grau mit einem nicht immer gut erkennbaren dunklen Längsstreifen. Diese Färbung zeigen auch die Männchen, wenn sie unterdrückt werden oder sich nicht wohlfühlen, was in Händlerbecken in der Regel der Fall ist.
Vorkommen: Der Honiggurami kommt aus ruhigen, flachen Gewässern Nordostindiens.
Pflege: Für die erfolgreiche Pflege ist ein verkrautetes Aquarium mit Schwimmpflanzendecke sinnvoll. Das Becken sollte nicht zu hell sein. Feine Morkienholzwurzeln strukturieren das Becken. Die Temperatur sollte um 25 °C liegen, während ein pH-Wert um 6,5 angebracht ist. Als

In Gesellschaft

In einem Nano-Aquarium sollte nur ein Paar Honiggurامis gehalten werden, da zwar das Imponiergehabe zweier Männchen sehr interessant ist, aber dafür Becken ab 60 l Inhalt zur Verfügung stehen müssen. Von einer Vergesellschaftung mit anderen Fischen sollte bei Aquarien bis zu 50 l Volumen abgesehen werden.

Honiggurami-Männchen in Balzstimmung zeigen einen schwarzen Bauch, einen orangefarbenen Körper und einen goldgelben Abschluss der Rückenflosse.

Honiggurami-Weibchen sind unscheinbar bräunlich mit dunklem Längsstrich gefärbt.

Älteres *Betta-channoides*-Männchen.

Futter wird natürlich Lebendfutter wie Mückenlarven bevorzugt, aber in der Regel nehmen die Honiggouramis ebenso handelsübliches Flockenfutter.

Zucht: Das Männchen baut ein Schaumnest aus Luftblasen, was durch leichte Wasserabsenkung und Temperaturerhöhung auf 28 °C angeregt werden kann. Abgelaicht wird beim Umschlingen des Paars unter dem Nest. Das Männchen bewacht das Schaumnest, das die kleinen Fadenfische nach etwa vier Tagen verlassen. Sie fressen anfangs Kleinstfutter wie Räder- und Pantoffeltierchen und nehmen nach einer Woche frisch geschlüpfte *Artemia*-Nauplien an. Am produktivsten ist die Aufzucht, wenn man das Schaumnest mit den Jungfischen in ein gesondertes Aufzuchtbecken überführt.

Ähnliche Arten: Der Zwergfadenfisch, *Trichogaster lalius* (auch bekannt als *Colisa lalia*) stellt ähnliche Ansprüche. Er kann allerdings nur im Zuchtansatz in einem Nano-Aquarium gehalten werden, denn die Männchen treiben die Weibchen zu stark, weshalb die Weibchen nach dem Ablaichen auf jeden Fall aus dem Aquarium entfernt werden müssen.

Maulbrütender Zwergkampffisch, *Betta channoides*

Beschreibung: *Betta channoides* sind maulbrütende Kampffische, die mit bis zu 5 cm Länge recht klein bleiben. Die Zwerg-Kampfische sind friedlich und machen ihrem Namen damit keine Ehre. Die Männchen haben eine rote Körperfärbung mit dunklem Kopf und Flossen. An den Flossenenden besitzen sie einen weißen Saum. Weibchen fehlen das Rot und die weißen Flossensäume, wodurch sie einfach zu unterscheiden sind.

Vorkommen: Die Maulbrütenden Kampffische kommen aus flachen Bereichen der Urwaldbäche Ostborneos und leben dort im Falllaub.

Pflege: Die Einrichtung des Aquariums erfolgt mit Moorkienholzwurzeln und Eichen- oder Buchenlaub. Eine dichte Bepflanzung, dunkler Boden-

grund und gedämpfte Beleuchtung fördern das Wohlbefinden dieser ruhigen Fische. Wer sein Aquarium bis unter die Wasseroberfläche bepflanzt hat, wird nachts feststellen, dass die Zwergkampffische gern geschützt in den Pflanzen an der Wasseroberfläche schlafen. Das Wasser sollte weich und leicht sauer mit einem pH-Wert um 6,5 sein. Gefressen wird am liebsten Lebendfutter, wie Mückenlarven, Wasserflöhe und *Artemia*.
Zucht: Nach intensiver Balz laichen die Fische in Bodennähe nach *Betta*-Art ab. Das Männchen umschlingt das Weibchen während der Eiabgabe. Danach wird der Laich direkt vom Männchen ins Maul aufgenommen. Wenn das Weibchen schneller ist, übergibt es die Laichkörner später an das Männchen, indem es ihm den Laich vorspuckt, damit es ihn ins Maul nehmen kann. Die Jungen verlassen das Maul des Männchens nach etwa zwei Wochen und fressen dann bereits *Artemia*-Nauplien. Nach zwei Monaten können die Jungtiere bereits 3 cm groß und die Geschlechter unterscheidbar sein.
Ähnliche Arten: *Betta albimarginata* ist fast genauso gezeichnet und wird gleich gehalten.

In Gesellschaft
Diese Art ist wie die ähnlichen *Betta albimarginata* kaum im Fachhandel zu bekommen, sondern wird unter interessierten Aquarianern weitergegeben. Eine Vergesellschaftung kann mit kleinen Harnischwelsen erfolgen. Hektische Fische sollten nicht beigesetzt werden.

Schwarzer Spitzschwanzmakropode, *Pseudosphromenus cupanus*

Beschreibung: Schwarze Spitzschwanzmakropoden werden bis zu 6 cm groß und sind dunkel gräulich gefärbt. Bauchflossen und Augen sind rot. Afterflosse und Schwanzflosse weisen einen rötlichen Schimmer auf und sind beim Männchen bläulich gesäumt. Bei der Paarung wird das Weibchen schwarz, woher auch der deutsche Name rührt. Das Männchen ist farbiger und hat meist eine etwas länger ausgezogene Rückenflosse.
Vorkommen: Die Art bewohnt verkrautete und flache Randbereiche von stehenden Gewässern Südindiens und Sri Lankas.
Pflege: Das Aquarium sollte dicht und bis unter die Wasseroberfläche bepflanzt sein. Ein Teil des Aquariums sollte allerdings ausreichend Schwimmraum bieten. Versteckplätze aus Kokosnussschalen oder dichte Moospolster dienen als Rückzugsmöglichkeiten. Das Becken kann intensiv beleuchtet werden, wenn es auch ein paar dunklere Stellen gibt. Das Was-

Das *Pseudosphromenus-cupanus*-Männchen betreut das Schaumnest mit den weißen Eiern in einer Kokosnusshälfte.

Der Rote Spitzschwanzmakropode, *Pseudosphromenus dayi*, ähnelt dem Schwarzen Spitzschwanzmakropoden.

ser kann weich bis mittelhart sein und eine Temperatur zwischen 25 °C und 27 °C aufweisen. Der pH-Wert sollte um 7 liegen. Beim Futter sind die Spitzschwanzmakropoden nicht anspruchsvoll. Sie fressen neben Lebend- auch Flockenfutter und verschiedene Granulate, vorzugsweise von der Wasseroberfläche.

Zucht: Die Fische bauen ein Schaumnest aus Luftblasen in Kokosnussschalen oder anderen Höhlen und selten an der Wasseroberfläche. Auch in dichten Javamoospolstern nahe der Wasseroberfläche legen sie kleine Hohlräume an und laichen dort ab. Die Eier sind weiß und werden vom Männchen betreut. Der Schlupf erfolgt nach etwa zwei Tagen. Die Jungfische fressen zuerst Kleinstfutter wie Pantoffeltierchen und nehmen nach einer Woche frisch geschlüpfte *Artemia*-Nauplien an. Im Aquarium werden bei teils dichter Bepflanzung immer einige Jungfische groß, ohne dass sie von ihren Eltern behelligt werden.

Ähnliche Arten: Der Rote Spitzschwanzmakropode, *Pseudosphromenus dayi*, kann ähnlich gehalten werden.

Bemerkungen: Schwarze Spitzschwanzmakropoden sind sehr friedlich und mehrere Männchen in einem Becken bereiten keine Probleme, wenn sich die Tiere in Pflanzen oder Höhlen zurückziehen können. Anderen Beckeninsassen wie kleinen Bärblingen gegenüber verhalten sie sich ebenfalls friedlich.

Eiersuche

Möchte man Panzerwelse gezielt in größeren Stückzahlen nachzüchten, kann man die Eier mit der Hand nach dem Ablegen absammeln und in ein gesondertes Aquarium überführen. Die Eier sind sehr unempfindlich. Um sie sauber zu halten, können kleine *Ancistrus*-Welse oder Blasenschnecken hinzugesetzt werden.

Panzerwelse

Panzerwelse gehören zu den beliebtesten Aquarienfischen. Fast in jedem Gesellschaftsbecken findet man eine der bodenorientierten Arten. Die normalerweise zwischen 5 cm und 8 cm großen Arten werden zur Belebung des unteren Aquarienbereiches und als Resteverwerter eingesetzt. Dass es auch kleinere Arten mit besonderem Verhalten gibt, möchte ich hier zeigen.

Sichelfleck-Panzerwels, *Corydoras hastatus*

Beschreibung: Charakteristisch für den nur bis zu 3 cm groß werdenden Sichelfleck-Panzerwels sind der markante weiß umsäumte schwarze Fleck auf der Schwanzwurzel und die silbrige Körpergrundfarbe. Die Geschlech-

Auch wenn *Corydoras hastatus* sich meist frei im Wasser aufhalten, so ruhen sie sich doch gelegentlich an einer höher gelegenen Stelle aus.

ter sind nicht immer einfach zu unterscheiden. Weibchen werden größer und wirken fülliger, während die Männchen schlanker und kleiner sind. *Corydoras hastatus* ist der Panzerwels, der am meisten von allen wie ein Salmler frei im Wasser schwimmt.

Vorkommen: *Corydoras hastatus* kommt aus dem Mato-Grosso-Einzug in Brasilien und lebt in verkrauteten Bereichen kleiner Gewässer.

Pflege: Das Aquarium sollte mit nicht zu feinen Pflanzen und Wurzeln strukturiert sein. Freier Schwimmraum und Rückzugsmöglichkeiten sind in gleicher Weise notwendig. Die Wassertemperatur sollte um 26 °C und der pH-Wert um 6,5 liegen. Weiches bis mittelhartes Wasser ist am besten geeignet. Aufgrund des unterständigen Mauls nehmen die Panzerwelse das Futter am liebsten vom Boden auf. Das können gefrorene *Cyclops* oder *Artemia*-Nauplien sein. Feines Granulat- oder Flockenfutter sowie Futtertabletten werden ebenfalls gefressen.

Zucht: Die Zucht ist in einem Artbecken einfach. Nach einer Zeit geringer und proteinarmer Fütterung tut man den Fischen etwas Gutes und bietet ihnen gefrorene schwarze Mückenlarven, kleine, gut gespülte *Tubifex* und *Cyclops* an. Ein umfangreicher Wasserwechsel von 80 % mit 5 °C kälterem Wasser fördert die Laichbereitschaft. Die Eier werden einzeln oder in geringer Anzahl an die Pflanzen geheftet. Eier und Jungfische werden von den Alttieren kaum behelligt. Die Aufzucht erfolgt mit frisch geschlüpften *Artemia* oder feinem Kunstfutter beziehungsweise Futtertabletten.

Ähnliche Arten: Für den ebenso kleinen Zwergpanzerwels *Corydoras pygmaeus* gilt das Gleiche wie für *Corydoras hastatus*, außer dass dieser weniger häufig im Freiwasser anzutreffen ist.

Marmorierter Zwergpanzerwels, *Corydoras habrosus*

Beschreibung: Marmorierte Zwerpanzerwelse bleiben mit gut 3 cm Gesamtlänge im weiblichen Geschlecht und 2,5 cm bei den Männchen klein. Auf hellem Grund zeigen sie eine marmorierte, dunkle Zeichnung mit angedeutetem, breitem Längsband an der Seite.

Vorkommen: Der Marmorierte Zwergpanzerwels lebt in Flüssen und Bächen des tropischen Südamerikas in Kolumbien und Venezuela, zum Beispiel im Orinoco, Rio Casanare, Rio Salinas und im Rio Pajo Viejo.

In Gesellschaft

Sichelfleck-Panzerwelse sollten in einer Gruppe von mindestens sechs, besser zehn Tieren gehalten werden, denn so fühlen sie sich sicher und zeigen ihr interessantes Schwimmverhalten. Eine Vergesellschaftung mit Schilfsalmlern, *Hyphessobrycon elachys*, hat aufgrund der ähnlichen Färbung einen besonderen Reiz.

Corydoras-habrosus-Männchen sind schlanker und kleiner als die Weibchen.

In Gesellschaft

Eine kleine Gruppe *Corydoras habrosus* sollte mindestens acht Tiere umfassen. Eine Vergesellschaftung ist gut mit kleinen Salmlern oder Bärblingen sowie Lebendgebärenden oder kleinen Hechtlingen möglich.

Pflege: *Corydoras habrosus* ist bodenorientiert. Daher sollte das Aquarium nicht zu dicht bepflanzt werden, damit genügend Platz auf dem Boden bleibt. Feiner, auf keinen Fall scharfer Kies und Sand sollten für die Einrichtung ausgewählt werden. Schwimmpflanzen oder auf Wurzeln aufgebundene Pflanzen lassen ebenso am Boden genügend Platz. Weiches bis mittelhartes Wasser bei einem pH-Wert zwischen 6 und 7 sowie Temperaturen um 24 °C sind die passenden Wasserwerte. Gefüttert wird mit feinem Frost-, Lebend- oder Kunstfutter sowie Granulaten oder Futtertabletten.
Zucht: Die Zucht ist im Artaquarium recht einfach. In einem stark bepflanzen Aquarium mit Eichen- oder Buchenlaub am Boden legen die Panzerwelse die Eier einzeln in den Pflanzen oder unter den Blättern ab. Die kleinen Panzerwelse können sich im Pflanzenwirrwarr gut verstecken und finden dort ausreichend Erstnahrung. Regelmäßige Wasserwechsel mit kälterem Wasser und gute Fütterung mit Mückenlarven und *Tubifex* fördern die Laichbereitschaft. Die Aufzucht der Jungen erfolgt in Gesellschaft der Eltern mit *Artemia*-Nauplien.
Ähnliche Arten: Der sehr ähnlich aussehende Marmorpanzerwels *Corydoras paleatus* ist sehr einfach zu pflegen, allerdings mit seinen 6 cm Größe erst für Aquarien ab 60 cm Länge geeignet.

Harnischwelse

Harnischwelse sind Welse mit einem Saugmaul, mit dem sie in der Strömung Halt finden können. Der Begriff „Harnisch" bezeichnet die feste Außenpanzerung der Tiere, ähnlich wie bei den Panzerwelsen. Harnischwelse leben substratgebunden und ernähren sich unterschiedlich, sowohl von Aufwuchsnahrung wie Algen und Holz oder auch von Insekten. Von den Harnischwelsen bieten sich vornehmlich nur die kleinen Ohrgitterharnischwelse der Gattungen *Otocinclus* und *Parotocinclus* für die Pflege im Nano-Aquarium an, da *Ancistrus*-Arten zu groß werden. Es können natürlich *Ancistrus*-Jungfische eingesetzt werden. Einer Dauerhaltung ist bei den bis auf sehr wenige Arten mindestens 8 cm groß werdenden Antennenwelsen jedoch kaum möglich.

Von größer werdenden Welsen wie dem Weißsaum-*Ancistrus* können Jungtiere von bis zu 5 cm Länge in einem Nano-Aquarium gepflegt werden.

Rotflossen-Saugwels, *Parotocinclus maculicauda*

Beschreibung: Diese bis zu etwa 6 cm groß werdende Harnischwelsart zeigt eine dunkle Fleckenzeichnung auf hellem Grund. In den Flossen befinden sich rote Stellen. Männchen bleiben kleiner, sind schlanker und intensiver gefärbt, während die Weibchen mit Laichansatz etwas rundlich erscheinen.
Vorkommen: Rotflossen-Saugwelse bewohnen schnell fließende Klarwasserbäche und Flüsse im Südosten Brasiliens. Hier liegen die Wassertemperaturen unter 24 °C bei nur leicht saurem pH-Wert zwischen pH 6 und 7.
Pflege: Das Aquarium wird abwechslungsreich mit feinem Bodengrund, glatten Steinen, Wurzeln, etwas Eichenlaub und nicht zu feinen Pflanzen eingerichtet. Gute Filterung mit etwas Strömung und eine hohe Sauerstoffanreicherung sind notwendig. Regelmäßige Wasserwechsel fördern das Wohlbefinden. Das Wasser sollte mit 20–23 °C nicht zu warm sein. Fast

Rotflossen-Saugwelse sind dunkel gesprenkelt auf hellem Grund und weisen eine rote Zeichnung in den Flossen auf.

In Gesellschaft

Rotflossen-Saugwelse sollten in kleinen Gruppen gehalten werden, da sie auch in der Natur gern gemeinsam unterwegs sind. Die Vergesellschaftung mit kleinen Bärblingen, die es ebenfalls etwas kühler mögen, ist gut möglich.

kann auf eine Heizung verzichtet werden. Ein leicht saurer pH-Wert von pH 6,5–7 sowie weiches bis mittelhartes Wasser sind am besten geeignet. Gefüttert wird dieser Algenfresser mit grünen Futtertabletten, gefrorenem Spinat oder anderem Grünfutter.
Zucht: Zur Zuchtvorbereitung muss sehr gut mit pflanzlicher Kost wie Salat, Spinat oder entsprechendem Trockenfutter gefüttert werden. Die wenigen, recht großen Eier werden einzeln an Wasserpflanzen abgelegt. Die Jungfische schlüpfen nach drei Tagen und werden nach dem Verzehr des Dottersacks mit frisch geschlüpften *Artemia* und Grünfutter aufgezogen.
Ähnliche Arten: Es gibt andere *Parotocinclus*-Arten, die ähnlich zu halten sind. Je nach Herkunft muss auf die Temperatur geachtet werden.

Zebra-Ohrgitterharnischwels, *Otocinclus cocama*

Beschreibung: Der Zebra-*Otocinclus* zeigt ein kontrastreiches Schwarz-Weiß-Muster mit einer unregelmäßigen Querstreifung. Die Geschlechter sind schwer unterscheidbar. Weibchen werden mit knapp über 5 cm etwas größer und sind kräftiger als die Männchen.
Vorkommen: Die Tiere stammen aus Peru und dem dortigen Einzugsgebiet des unteren Rio Ucayali.
Pflege: Den substratorientierten Fischen sollte man breitblättrige Pflanzen, Wurzeln sowie glatte Steine anbieten. Dunkler Bodengrund lässt ihre kontrastreiche Zeichnung besser wirken. Mit Moorkienholz können weitere Aufenthaltsorte geschaffen werden. Weiches bis mittelhartes, leicht saures Wasser (pH-Wert um 6,5) mit einer Temperatur um 25 °C ist für die Welse angebracht. Die Tiere bevorzugen natürlichen Aufwuchs und fressen am liebsten kleine Grünalgen. Daher bietet man ihnen Futtertabletten auf pflanzlicher Basis oder überbrühten Salat oder Spinat. Feines Lebend- oder Frostfutter wie *Artemia*-Nauplien oder *Cyclops* werden ebenso gefressen.
Zucht: Über die erfolgreiche und gezielte Zucht ist bisher noch nichts bekannt. Sie ist aber wohl schon durch Zufall gelungen.
Ähnliche Arten: Unter dem Namen *Otocinclus affinis* häufiger im Handel angeboten werden die längsgestreiften Arten *Otocinclus hopei*, *O. macrospilus* und *O. vittatus*, wobei noch weitere Arten sehr ähnlich aussehen.

In Gesellschaft

Ohrgitterharnischwelse sind tagaktiv und streifen in Gruppen auf Futtersuche durch das Aquarium, weshalb nicht weniger als fünf Tiere gehalten werden sollten. Eine Vergesellschaftung mit friedlichen Fischen ist gut möglich.

Zebra-Ohrgitterharnischwels, *Otocinclus cocama*.

Wirbellose

Die Nano-Aquaristik hat durch die Wirbellosen, insbesondere die Zwerggarnelen, die letzten Jahre über einen regelrechten Boom erlebt. Kleine Aquarien, die erfahrene Aquarianer und Züchter schon immer genutzt haben, halten nun auch Einzug in die Stuben „normaler" Aquarianer. Waren es bei den Wirbellosen anfangs nur wenige kleine Zwerggarnelenarten wie etwa die Bienen-Zwerggarnele, so kamen bald kleine Krebsarten der Gattung *Cambarellus* hinzu. Schnecken, die meist als unerwünschte Aquarienbewohner angesehen und entsprechend bekämpft werden, finden inzwischen ihre Liebhaber, denn es gibt verschiedene Arten mit interessanter Färbung, Zeichnung und Gehäuseform.

Krebse und Garnelen müssen proteinarm ernährt werden, da zu kräftiges Futter die Häutung anregt. Somit kommt es zu tödlich verlaufenden vorzeitigen Häutungen. Sehr gut hat es sich bewährt, den Aquarienfilter in einem Eimer mit Aquarienwasser auszuwaschen und Teile des sich absetzenden Schlamms wieder ins Aquarium zu geben. Bei dem Schlamm handelt es sich nicht um reinen Fisch- oder Garnelenkot, sondern um sich zersetzendes organisches Material, Kleintiere und Mikroorganismen, Detritus genannt. Beim Verfüttern wird man merken, dass sich die kleinen Garnelen wie eine wilde Meute darauf stürzen. Um beim Ausspülen der Filtermatten keine Junggarnelen, die in den Filterschwamm geklettert sind, zu verlieren, kann man den Schwamm auch direkt im Aquarium ausdrücken.

Garnelenzucht

Die knapp 25 mm groß werdenden Bienen-Zwerggarnelen lassen sich mit dem üblichen Futter für Zwerggarnelen füttern. Für die Zucht empfiehlt es sich, im Winter ein paar Monate lang die Wassertemperatur auf 15–18 °C abzusenken. Dies entspricht den natürlichen Bedingungen, bei denen die Garnelen die Vermehrung einstellen. Nach Erhöhung der Temperatur auf über 20 °C kann es zu einer Massenvermehrung kommen, während der die Weibchen alle vier Wochen bis zu 40 Eier tragen.

Garnelen

Die Gattungen *Caridina* und *Neocaridina* stellen die meisten der derzeit im Handel erhältlichen Zwerggarnelenarten. Besonders ihre Eigenschaft, fleißig Algen zu fressen, hat sie beliebt gemacht. Inzwischen kann man einige farbenprächtige Arten und Zuchtformen bekommen.

Bienen-Zwerggarnele, *Caridina* cf. *cantonensis*

Beschreibung: Die Bienen-Zwerggarnele ist sehr variabel gezeichnet. Die Körpergrundfarbe ist gelblich orange, wobei Schwanzfächer und Kopfbereich am intensivsten gefärbt sind. Der Körper ist mit unregelmäßigen

Bienengarnelen-Männchen auf einem Crystal-Red-Weibchen.

Bienengarnelen-Weibchen mit großen Eiern, aus denen später fertig entwickelte Jungtiere schlüpfen.

In Gesellschaft

Eine Vergesellschaftung der Bienen-Zwerggarnelen mit Harnischwelsen ist gut möglich. Kleinere Bärblinge oder kleine Salmler sowie Zwergpanzerwelse kommen ebenfalls infrage. Mit anderen Zwerggarnelen sollte man sie nicht halten, da sie sich mit Artverwandten kreuzen. Werden zwei verschiedene Arten in einem Aquarium gehalten, setzt sich eine der beiden durch, so dass die andere mit der Zeit verschwindet.

schwarzen Streifen beziehungsweise Flecken überzogen, deren Umfang stark schwankt. Bienen-Zwerggarnelen weisen häufig weiße Pigmentstellen auf. Durch gezielte Zuchtauslese wurden verschiedene Zeichnungsmuster über Generationen hinweg verstärkt oder verdrängt. So gibt es stark dunkel gefärbte Tiere, Tiere mit viel Weiß und Garnelen mit gleichmäßiger Streifenzeichnung. Ich selbst bevorzuge die Ursprungsform mit unregelmäßiger schwarzer Zeichnung und wenigen weißen Flecken. Die Weibchen werden 25 mm groß, Männchen bleiben etwas kleiner. Werden die Weibchen geschlechtsreif, ist ihr Hinterleib tiefer nach unten ausgezogen und rundlich, um die an den Schwimmbeinen hängenden Eier zu schützen.

Vorkommen: Bienen-Zwerggarnelen kommen in einem kleinen Bach in Hongkong vor, den nur wenige Menschen kennen. Daher sind Biotopbeschreibung und Wasserwerte nicht bekannt.

Pflege: Da sich die Garnelen kaum schwimmend fortbewegen, sollte das Aquarium mit Pflanzen und Holz strukturiert sein. Insbesondere verschiedene Moosarten eignen sich sehr gut für die Einrichtung eines Bienen-Zwerggarnelen-Beckens. Außerdem sollte sich etwas Herbstlaub von Eiche oder Buche im Aquarium befinden, das die Garnelen mit der Zeit auffressen. Die Wassertemperatur kann zwischen 15 °C und 26 °C liegen, während das Wasser weich bis mittelhart sein sollte. Ein pH-Wert um 6,5 ist ideal. Gefüttert wird mit herkömmlichem Flocken- oder Granulatfutter, das einen hohen pflanzlichen Anteil haben sollte. Überbrühter Spinat oder gelegentlich Frostfutter werden auch genommen. Bienen-Zwerggarnelen reagieren schon auf die geringste Menge von Kupfer im Wasser sehr empfindlich, worauf beim Wasserwechsel zu achten ist.

Zucht: Die Garnelen bringen aus ihren etwa 1,5 mm großen Eiern nach einer Tragzeit von drei bis vier Wochen 20–50 fertig entwickelte Junggarne-

Die schwarze Mutation der Tiger-Zwerggarnele ist beim Autor zuerst aufgetreten und inzwischen eine der weltweit begehrtesten Zuchtformen.

len zur Welt, die Miniaturausgaben ihrer Eltern sind. Die Entwicklungsdauer der Garnelen in den Eiern hängt stark von der Wassertemperatur ab, wobei die Weibchen bei mir unter 20 °C und über 26 °C normalerweise keine Eier tragen. Die kleinen Garnelen sind etwa 2 mm groß und leicht mit feinstem Futter aufzuziehen. In alteingerichteten Aquarien finden die kleinen Garnelen meist so viel Futter, dass nicht zugefüttert werden muss. Junggarnelen können in Gesellschaft ihrer Eltern bleiben. Bei Temperaturen um 25 °C sind sie nach drei bis vier Monaten 2 cm groß und geschlechtsreif. Wenn alles optimal läuft, tragen die Weibchen etwa alle vier bis sechs Wochen Eier. Je älter das Weibchen ist, umso seltener geschieht das, da die Paarung nach der Häutung stattfindet und ältere Tiere sich seltener häuten. Dafür tragen große Weibchen mehr Eier als kleinere.
Ähnliche Arten: Die Crystal-Red-Zwerggarnele ist eine Zuchtform der Bienen-Zwerggarnele. Die Hummel-Zwerggarnele, *Caridina* cf. *breviata*, und einige ähnlich aussehende Arten werden ebenso gehalten. Die Tiger-Zwerggarnele, *Caridina* cf. *cantonensis*, von der es blaue, rote und schwarze Zuchtformen gibt, sollte in etwas härterem Wasser bei einem pH-Wert von knapp über 7 gehalten werden.

Fire-Zwerggarnele, *Neocaridina heteropoda* „Red"

Beschreibung: Der deutsche Handelsname „Fire-Zwerggarnele" (Feuer-Zwerggarnele) beziehungsweise „Red-Cherry-Zwerggarnele" (Rote Kirschen-Zwerggarnele) bezieht sich auf die feurig rote Körperzeichnung, die so intensiv sein kann wie bei der „Crystal-Red-Zwerggarnele" (Kristallrote Zwerggarnele). Das „Red" bedeutet „rote Variante", denn die normale Form dieser Art ist gräulich braun mit leichter Musterung. Die Farbe kann durch diverse Flocken- beziehungsweise Granulatfuttersorten, die mit Ka-

Eifarbe

Bei der Fire-Zwerggarnele gibt es zwei verschiedene Eifarben. Teilweise sind die Eier leuchtend gelb, was bei Eier produzierenden Weibchen schon am gelblichen Längsfleck im Nacken erkennbar ist. Werden dann die Eier unterm Hinterleib getragen, ist der Nackenfleck verschwunden. Andere Tiere tragen grünliche Eier. Die Farbe scheint nicht futterabhängig zu sein, sondern vererbt zu werden.

Bei der Fire-Zwerggarnele gibt es sowohl Weibchen, die grüne Eier tragen, als auch Weibchen mit gelben Eiern.

In Gesellschaft

Fire-Zwerggarnelen sind friedlich und können sich, sofern sie sich wohlfühlen, sehr schnell vermehren. Daher spricht auch nichts dagegen, sie mit Fischen zu vergesellschaften, die auch kleine Babygarnelen fressen. Wenn genügend feine Pflanzen vorhanden sind, wachsen dennoch ausreichend Garnelen auf. Allerdings sollten die Fire-Zwerggarnelen nicht mit anderen Zwerggarnelen zusammen gehalten werden, da bei einigen *Neocaridina*-Arten eine Kreuzung möglich ist, beziehungsweise sich die Fire-Zwerggarnelen gegenüber anderen Arten durchsetzen werden.

rotinoiden angereichert sind, verstärkt werden. Bei dieser Farbform ist zu beobachten, dass nur die Weibchen kräftig rot werden, und die Männchen mit wenig Rot am Körper sehr blass aussehen. Allerdings ist das auch ein Vorteil, denn so kann man die Geschlechter dieser als Weibchen bis zu 25 mm groß werdenden Garnelen gut unterscheiden.

Vorkommen: Taiwan.

Pflege: Gern klettern die Garnelen auf feinen Pflanzen herum, und dunkler Bodengrund stellt einen schönen farblichen Kontrast dar. Sowohl hartes als auch weiches Wasser bei pH-Werten um 7 werden geduldet und die Vermehrung gelingt, wenn die Werte nicht zu extrem sind. Temperaturen von 10 °C bis 30 °C werden verkraftet. Lediglich Schwermetalle wie Kupfer und Fressfeinde scheinen dieser Art etwas anhaben zu können. Das ideale Futter sind Algen, ob in Form von *Spirulina*-Tabletten oder lebender Grünalgen. Und ein veralgter Stein, aus einem anderen Aquarium eingebracht, ist ein Anziehungspunkt für die gesamte Aquarienpopulation.

Zucht: Die Fire-Zwerggarnelen gehören zum spezialisierten Fortpflanzungstyp. Die Weibchen tragen je nach Größe 20–40 etwa 1 mm große Eier unter dem Hinterleib. Die Jungtiere schlüpfen bei etwa 25 °C nach etwa vier Wochen und sind dann knapp 2 mm groß. Trotz der geringen Größe müssen die kleinen Zwerggarnelen nicht herausgefangen beziehungsweise gesondert gefüttert werden. Die Alttiere stellen ihren Kindern nicht nach und in einem alt eingerichteten Aquarium mit Mulm am Boden, Javamoos und Algen finden sie genügend Futter, um innerhalb von drei Monaten bereits geschlechtsreif zu werden.

Ähnliche Arten: Die Gelbe Zwerggarnele, eine Zuchtform von *Neocaridina heteropoda*, die Marmor-Zwerggarnele, *Neocaridina palmata*, und die Weißperlen-Zwerggarnele, *Neocaridina* cf. *zhangjiajiensis*, und deren blaue Zuchtform Bluepearl-Zwerggarnele werden ebenso gehalten.

Kardinalsgarnele, *Caridina dennerli*

Beschreibung: Die Kardinalsgarnele wird höchstens 2 cm groß und ist friedlich. Im Vergleich zu anderen Zwerggarnelenarten ist sie sehr schlank. Die

Kardinalsgarnelen sind mit weniger als 15 mm Länge sehr klein und ständig mit den kleinen Scheren auf Futtersuche.

Körperfarbe variiert von hellem Rot bis zu dunklem Lila. Dazu besitzt sie vier weiße Scheren und weiße Punkte auf dem Körper. Männchen bleiben etwas kleiner und sind schlanker.

Vorkommen: Kardinalsgarnelen kommen auf der Insel Sulawesi (Indonesien) im Matano-See vor, der bei geringer Härte einen pH-Wert um 8 aufweist, sehr klar und extrem bakterienarm ist. Die Wassertemperatur liegt knapp unter 30 °C. Die Garnelen leben auf und zwischen Steinen, wobei es nur wenige Wasserpflanzen und Algenaufwuchs gibt. Dort sind ebenfalls sehr viele Schnecken zu finden.

Pflege: Die Wasserwerte im Aquarium sollten der Natur nachempfunden werden, was nicht ganz so einfach ist. Der pH-Wert muss um 8 liegen und die Temperatur wird auf etwa 29 °C eingestellt. Das große Problem im Aquarium sind die hohe Bakteriendichte und die Stickstoffbelastung. Bei pH-Werten über 7 kann Ammoniak entstehen, das schon in geringsten Konzentrationen giftig ist. Auf Garnelen, die in der Natur in reinstem Wasser vorkommen, wirkt es umso tödlicher. Somit wird ein Aquarium für diese Sulawesi-Garnelen am besten mit einem UV-Klärer gegen Bakterien und Keime sowie einer guten Filterung ausgestattet. Regelmäßige Wasserwechsel sind selbstverständlich.

Zucht: Die Kardinalsgarnelen gehören zum spezialisierten Fortpflanzungstyp, das heißt, die Jungtiere sind bereits nach dem Schlupf kleine Abbilder der Eltern und leben sofort bodengebunden. Die Weibchen tragen für etwa drei Wochen die bis zu 20 Eier am Hinterleib, bis die Jungen schlüpfen.

Ähnliche Arten: Andere *Caridina*-Arten aus dem Matano-See.

In Gesellschaft

Kardinalsgarnelen verstecken sich tagsüber häufig unter Steinen oder Wurzeln. Vergesellschaftet werden können sie mit den verschiedenen *Tylomelania*-Arten aus den Sulawesi-Seen. Dabei handelt es sich um über 5 cm lang werdende Schnecken, die teils sehr kräftig gefärbte Körper haben.

Sri-Lanka-Zwerggarnele, *Caridina* cf. *simoni*

Beschreibung: Diese nur bis etwa 2 cm groß werdende Zwerggarnele ist kein Farbwunder, sondern meist transparent mit leichter Strichzeichnung. Selten gibt es auch kräftig dunkelbraun beziehungsweise rötlich gefärbte Weibchen mit Rückenstrich. Markant ist der Buckel am Hinterleib. Männchen bleiben kleiner und sind schlanker.

Sri-Lanka-Zwerggarnelen sind unscheinbar gefärbt. Sie wirken erst bei größerer Besatzdichte.

In Gesellschaft

Da die Sri-Lanka-Zwerggarnele Temperaturen von knapp über 30 °C verträgt, ist sie gut für Aquarien in Wohnungen geeignet, wo die Sommertemperatur im Zimmer auf etwa 30 °C ansteigt. Aufgrund der sehr guten Vermehrungsrate kann die Sri-Lanka-Zwerggarnele als Lebendfutterspender für kleine Fische dienen, die junge Garnelen jagen.

Vorkommen: Sri-Lanka-Zwerggarnelen kommen in ganz Sri Lanka mit Ausnahme des Hochlands in stehenden und fließenden Gewässern vor. Möglicherweise handelt es sich sogar um mehrere eng miteinander verwandte und ähnlich aussehende Arten. Sie halten sich meist in der Ufervegetation oder in Pflanzen und zwischen Steinen auf. Aufgrund der großen Populationsdichte dürften sie eine wesentliche Nahrungsgrundlage für Fische darstellen. Die Wasserwerte in der Natur schwanken zwischen 20 °C und 35 °C bei weichem Wasser und pH-Werten zwischen 5 und 7.
Pflege: Das Aquarium sollte gut mit Pflanzen und Holz strukturiert sein. Bei einem pH-Wert unter 7 und Temperaturen zwischen 22 °C und 32 °C fühlt sich die Sri-Lanka-Zwerggarnele wohl. Als Futter kann handelsübliches Garnelen-, Flocken- und Granulatfutter angeboten werden. Grünfutter wird ebenfalls gern gefressen. Etwas Buchenlaub dient als Versteckplatz und Nahrung.
Zucht: Fühlt sich die Art wohl, ist die Zucht einfach und kann sehr produktiv sein. Je höher die Temperatur ist, desto schneller vermehren sich die Tiere. Alle drei bis vier Wochen kann ein Weibchen bis zu 35 Junge bekommen, die nach drei Monaten geschlechtsreif sind.
Ähnliche Arten: *Caridina fernandoi* kommt im Inland Sri Lankas häufig zusammen mit *Caridina* cf. *simoni* vor und wird deshalb genauso gehalten. Aufgrund der geringen Larvengröße ist *C. fernandoi* allerdings nicht so einfach zu züchten.

Krebse

In diesem Kapitel möchte ich Krebse vorstellen, die in kleineren Aquarien gehalten und gezüchtet werden können. Sie sind untereinander soweit verträglich, dass die Haltung einer kleinen Gruppe mit ihren Jungtieren möglich ist. Dazu sollte das Aquarium mit vielen Pflanzen und Höhlen strukturiert sein. Eine Bodenschicht aus ehemals getrocknetem Buchenlaub und Mulm trägt sehr zum Wohlbefinden der Krebschen bei. Den Mulm kann man beim Reinigen eingefahrener Filter gewinnen, indem man das Filtermaterial im Aquarium ausdrückt. Sofern der Bodengrund im Aquarium nicht zu grob ist, bleibt der Mulm darauf liegen und insbesondere die Baby-Krebse finden darin reichlich Nahrung.

Louisiana-Zwergflusskrebs, *Cambarellus shufeldtii*

Beschreibung: Die Tiere sind braun bis grau, mit vier dunklen Längsstreifen oder mit in unregelmäßigen Reihen angeordneten Punkten. Die Weibchen werden mit 30 mm etwa 5 mm größer als die Männchen, sind in der Aufsicht breiter und wirken insgesamt bulliger. Die Geschlechter kann man einfach an den paarigen Begattungsgriffeln (Gonopoden) der Männchen erkennen, die bereits ab 15 mm Körperlänge gut erkennbar sind. Außerdem haben die Männchen längere Scheren.

Vorkommen: Der als Louisiana-Zwergflusskrebs bezeichnete *Cambarellus shufeldtii* kommt aus Louisiana (USA) und bewohnt Tümpel im Einzugsgebiet des Mississippi. Die Trockenzeit verbringt die Art eingegraben im Schlamm.

Pflege: Die Haltung dieser Tiere ist unproblematisch. Der pH-Wert sollte um 7 und die Temperatur zwischen 15 °C und 25 °C liegen, jedoch werden auch Temperaturen von 10 °C bis 30 °C vertragen. Die Krebse lassen sich in weichem bis hartem Wasser halten. Bei mir liegt die Gesamthärte bei etwa 8 °dGH. Das Aquarium sollte ausreichend kleine Höhlen und Verstecke bieten. Höhlen im Bambus oder in Wurzeln sollten einen maximalen Durchmesser von 2 cm haben, da sie sonst nicht als Versteck angenommen werden. Ich verwende auf natürlichem Wege „getunnelte" Holzstücke, die ständig bewohnt sind. Allerdings kann man sich auch selbst mit einem dickeren Holzbohrer tiefe (mindestens 4 cm) Löcher in die Wurzeln bohren. Auch werden aus Ton gebastelte, hinten verschlossene Röhren gern angenommen. Eine Mulmschicht und Laub am Aquarienboden dienen auch als Futter. Die hier genannten Zwergkrebse fressen keine gesunden Pflanzen. *Anubias* und Javafarn sind gute Kletterpflanzen, auf und in denen sich die Krebse aufhalten. Moose eignen sich sehr gut. Gefüttert wird mit Buchenlaub, Granulat- und Frostfutter. Lebende Wasserflöhe werden ebenfalls gejagt.

Zucht: Die Zucht ist einfach und geschieht „von selbst". *Cambarellus* vermehren sich ganzjährig. Die Begattung erfolgt meist kurz nach der Häu-

Ein Weibchen des Louisiana-Zwergflusskrebses trägt weit entwickelte Eier geschützt unter seinem Hinterleib.

Streitigkeiten

Lousiana-Zwergflusskrebse sind sehr friedlich. Untereinander kommt es selten zu ernsthaften Rangeleien, so dass in einem 30-l-Becken mit vielen Verstecken und Klettermöglichkeiten gut fünf Krebse mit Jungtieren gepflegt werden können. Auseinandersetzungen werden durch Drohen mit den Scheren ausgemacht. Der Ängstlichere gibt dann in der Regel nach. Nur wenn sich ein Tier frisch gehäutet und keinen sicheren Versteckplatz gefunden hat, kann es sein, dass ihm ein Artgenosse mal ein oder mehrere Gliedmaßen abschneidet. Diese wachsen bei den nächsten Häutungen wieder nach.

tung der Weibchen. Die Paarung erfolgt, indem das Männchen das Weibchen mit seinen großen Scheren an dessen Scheren ergreift und es auf den Rücken beziehungsweise auf die Seite dreht. Mit den Gonopoden heftet das Männchen dem Weibchen ein Spermapaket zwischen die Schreitbeine. Die Paarung kann bis zu eine Stunde dauern, während der die Tiere regungslos verharren. Nach der Begattung geht das Männchen seiner Wege und sucht sich das nächste Weibchen. Die Eier werden vom Weibchen bei 25 °C etwa vier Wochen lang getragen, bis die kleinen Krebse schlüpfen. Die Eier tragenden Weibchen halten sich während der Tragzeit vor den anderen Beckeninsassen in ihren Höhlen versteckt. Nur selten kommen sie zum Fressen heraus. Die Jungtiere werden nach dem Schlupf wenige Tage lang von der Mutter getragen, bis sie fertig entwickelt sind. Wenn sie die Mutter verlassen, sind sie etwa 4 mm groß und halten sich wenig versteckt in allen Bereichen des Aquariums auf. Anschließend häutet sich das Weibchen und verpaart sich neu. Die Tiere sind nicht sehr produktiv, das heißt, ein Weibchen trägt aufgrund seiner geringen Größe nur etwa 10–30 Eier. Nach drei bis vier Monaten sind die kleinen Krebse geschlechtsreif.
Ähnliche Arten: Ähnlich kleine Arten sind *Cambarellus puer* und *C. schmitti*.

Orangefarbener Zwergkrebs, *Cambarellus patzcuarensis* „Orange"

Beschreibung: Der Orangefarbene Zwergkrebs oder kurz CPO (steht für *Cambarellus patzcuarensis* „Orange") ist eine Zuchtform einer graubraun gefärbten Stammform. Die Tiere werden etwa 4 cm groß, wobei die Weibchen breiter und größer sind. Die Männchen sind an den beiden Begattungsgriffel-Paaren (Gonopoden) zu erkennen.
Vorkommen: *Cambarellus patzcuarensis* kommt ausschließlich im Lago de Pátzcuaro (Bundesstaat Michoacán/Mexiko) vor. Die Leitfähigkeit des Sees beträgt übers Jahr gemittelt etwa 800 µS/cm, wobei der pH-Wert über 7 liegt und die Gesamthärte zwischen 12,5 und 18 °dGH schwankt. Die Jahreswassertemperaturen reichen von 15 °C bis 25 °C.
Pflege: Von den vom Heimatbiotop her bekannten Werten kann man die Werte fürs heimische Aquarium ableiten, das heißt, das Wasser sollte mittelhart bis hart bei einem pH-Wert über 7 sein. Die Haltung und Zucht ist in weichem Wasser mit niedrigem pH-Wert nicht möglich. Bei höheren Temperaturen ab 22 °C sollte darauf geachtet werden, dass die Aquarien gut belüftet sind, um den Sauerstoffgehalt hoch zu halten. Durch regelmäßige, nicht zu extreme Wasserwechsel muss die Wasserbelastung durch Stickstoffverbindungen (Nitrat/Nitrit) möglichst niedrig gehalten werden. Wie bei *Cambarellus patzcuarensis* sollte das Aquarium gut strukturiert sein, um reichlich Kletter- und Versteckmöglichkeiten zu bieten. Dann können zwei Männchen mit bis zu vier Weibchen und deren Jungtieren gemeinsam gehalten werden.

Ein Orangefarbener Zwergkrebs wirkt mit seiner Farbe auf dunklem Bodengrund besonders gut.

Zucht: Eine Vermehrung erfolgt nur bei passenden Wasserwerten (siehe Pflege). Große Weibchen können bis zu 60 Eier tragen, wobei meist nicht so viele Jungtiere erwachsen werden. Wichtig für eine Aufzucht zusammen mit den Eltern scheinen eine Buchenlaubschicht und Mulm am Boden zu sein, in denen sich die Kleinen aufhalten und Nahrung finden. Die Weibchen benötigen ausreichend kleine Höhlen, in die sie sich während der Tragzeit zurückziehen können.
Ähnliche Arten: *Cambarellus montezumae* wird knapp 5 cm groß und ist etwas aggressiver als *Cambarellus shufeldtii* und *Cambarellus patzcuarensis*.
Bemerkungen: Da die Krebse mit 4 cm für *Cambarellus* relativ groß werden, sollten sie im Artbecken gehalten werden. In Nano-Aquarien bietet sich die Vergesellschaftung mit Zwerggarnelen nicht an, da diese als Futter angesehen werden. Zwei Männchen und vier Weibchen sind die Obergrenze für ein 30-l-Aquarium.

Sonstige Tiere

In diesem Kapitel habe ich Tierarten zusammengefasst, die den üblichen Fischgruppen und Wirbellosen für kleine Aquarien nicht zuzuordnen sind und dennoch etwas Besonderes darstellen.

Everglades-Zwergschwarzbarsch, *Elassoma evergladei*

Beschreibung: Der Zwergschwarzbarsch bleibt mit knapp 3,5 cm recht klein. Während die Männchen im Balzkleid auf schwarzem Grund hellblau schimmernde Glanzschuppen tragen, sind die Weibchen gräulich mit dickem, rosa Bauch, wenn sie Laichansatz haben.
Vorkommen: In den USA sind South Carolina und Florida die Hauptverbreitungsgebiete. Dabei werden verkrautete, flache Zonen von Fließgewässern, Teichen und Tümpeln bevorzugt.
Pflege: Aquarien für Zwergschwarzbarsche müssen mit feinen Pflanzen dicht bepflanzt sein. Ein Plätzchen, das etwas Sonnenlicht abbekommt, för-

Schwarzbarsch-Männchen leuchten mit ihren blauen Glanzschuppen auf dunklem Grund ganz besonders.

In Gesellschaft

In einem 20-l-Aquarium können bis zu drei Schwarzbarsch-Pärchen gehalten werden. Männchen beziehen kleine Reviere, die sie mit Imponiertänzen gegen andere verteidigen. Die Zwergschwarzbarsche sollten aufgrund der Haltungsansprüche im Artaquarium gehalten werden.

dert die Algenbildung und die darin vorkommenden Kleinstlebewesen. Je „versiffter" das Aquarium aussieht, desto wohler fühlen sich die Fische. Auf gute Wasserwerte muss dabei natürlich geachtet werden. Weiches bis mittelhartes Wasser bei einem pH-Wert um 7 ist geeignet. Eine Heizung ist nicht notwendig. Die Temperaturen können über das Jahr zwischen 10 °C und 25 °C schwanken. Gefressen wird ausschließlich kleines Lebendfutter wie *Cyclops*, kleine Mückenlarven, Wasserflöhe und *Artemia*-Nauplien.
Zucht: Die Zucht ist einfach, insbesondere wenn die Fische bei 10–15 °C für ein paar Wochen überwintert werden. Das Männchen tanzt förmlich vor dem Weibchen, bevor der Laich in feinen Pflanzen abgegeben wird. Je nach Temperatur schlüpfen die Jungen nach bis zu fünf Tagen, kleben dann an Scheiben oder Pflanzen und schwimmen ab dem fünften Tag nach dem Schlupf frei. Ab dann wird kleines Lebendfutter wie *Artemia*-Nauplien gefressen. Aufgrund des schnellen Wachstums sind pro Jahr bis zu drei Generationen möglich. Die Erwachsenen stellen bei ordentlicher Fütterung ihrem Nachwuchs nicht nach. Vermutlich wird durch extreme pH-Werte das Geschlechterverhältnis negativ beeinflusst. So hatte ich in einem Jahr 99 Männchen und nur ein Weibchen als Nachwuchs.
Ähnliche Arten: Gelegentlich wird der noch stärker blau gefärbte *Elassoma okefenokee* angeboten, der genauso zu halten ist.

Goldringelgrundel, *Brachygobius xanthozonus*

Beschreibung: Goldringelgrundeln werden bis zu 4 cm groß. Der Name beschreibt ihre charakteristische Zeichnung mit drei kräftig gelben Ringen auf schwarzem Körper. Die Weibchen sind fülliger und etwas größer, während die Männchen intensiver gefärbt sind.
Vorkommen: *Brachygobius xanthozonus* kommt im küstennahen Süß- und Brackwasser Südostasiens auf Java, Sumatra und Borneo vor.
Pflege: Für die erfolgreiche Haltung ist mittelhartes bis hartes Wasser notwendig. Bei weicherem Wasser ist ein Meersalzzusatz nötig. Ich gebe bei weichem Wasser drei gehäufte Teelöffel Meersalz auf 10 l Wasser. Der pH-Wert sollte zwischen 7,5 und 8,5 liegen und es muss gut gefiltert werden. Die Temperatur kann zwischen 25 °C und 30 °C liegen. Für die Bepflan-

Die Burma-Goldringelgrundel, *Brachygobius xanthomelas*, bleibt kleiner als ihre Verwandten und hat keine sauber abgetrennten Streifen.

zung verwendet man härte- und salzresistente Arten. Bei mir hat sich Javafarn bewährt. Verwendet wird feiner Bodengrund, der auch hell sein kann. Kleine Röhren und Höhlen mit 1–2 cm Durchmesser oder sogar leere Schneckenhäuser nehmen die Tiere als Behausung an und bilden kleine Reviere um sie herum. Die Fütterung erfolgt mit feinem Lebendfutter wie *Artemia* Nauplien, die im brackigen Wasser auch länger überleben können als in reinem Süßwasser.

Zucht: Das Männchen besetzt eine kleine Höhle, in der bis zu 100 Eier abgelaicht und dann vom Männchen bewacht sowie befächert werden. Die Larven schlüpfen nach fünf bis sechs Tagen und schwimmen zwei Tage später frei. Sie sind sehr klein und müssen mit kleinstem Lebendfutter aufgezogen werden.

Ähnliche Arten: Vom Aussehen identisch und nur anhand der Flossenstrahlen zu unterscheiden ist *Brachygobius doriae*. Die Burma-Goldringelgrundel, *Brachygobius xanthomelas,* taucht, wie andere verwandte Arten, gelegentlich im Handel auf. Sie bleibt mit 2 cm kleiner und hat eine unregelmäßigere, nicht so leuchtende Zeichnung.

In Gesellschaft

Obwohl die kleinen Goldringelgrundeln niedlich aussehen, können sie gegenüber anderen Fischen und Artgenossen etwas unverträglich werden. Auch wegen der benötigten Wasserwerte empfiehlt sich daher eine Arthaltung mit maximal zwei Pärchen in einem 20-l-Aquarium, das dann viele Verstecke und Reviergrenzen aus Pflanzen und Steinen aufweisen sollte.

Zwergkugelfisch, *Carinotetraodon travancoricus*

Beschreibung: Die Zwergkugelfische werden nur bis zu 3 cm groß. Fühlen sich die Fische wohl, sind die Geschlechter gut zu unterscheiden. Männchen sind eher dunkel mit blasser Zeichnung und haben einen gelben Bauch mit dunklem Längsstrich. Weibchen haben eine fleckige und kontrastreiche Zeichnung in der oberen Hälfte und einen weißlichen Bauch.

Vorkommen: Südwestindien ist die Herkunft der Kugelfische, die sowohl stehende als auch fließende, weiche Gewässer bei pH-Wert 6,5 und Temperaturen bis knapp über 30 °C bewohnen.

Pflege: Die Haltung ist in weichem bis mittelhartem Wasser bei einem pH-Wert um 7 möglich, wobei die Kugelfische auch etwas Salzzusatz vertragen. Temperierte Aquarien mit 25–27 °C sind am besten geeignet. Die Einrichtung erfolgt mit feinem Holz, kleinen Höhlen und dichten Pflanzenbeständen, in denen sich die Kugelfische verstecken können. Etwas freier Schwimmraum sollte bleiben. Kugelfische fressen ausschließlich tierisches

Das Zwergkugelfisch-Männchen ist gut an dem kräftig gelben Bauch erkennbar.

Das *Carinotetraodon-lorteti*-Männchen kann man an der weißen Brust mit rotem Längsstrich erkennen.

In Gesellschaft

Da die Zwergkugelfische trotz ihrer Größe kleine Beißer sein können, ist eine Vergesellschaftung mit anderen Fischen nicht angebracht. In einem 30-l-Aquarium können maximal ein Männchen und zwei Weibchen leben. Sie müssen allerdings gut beobachtet werden, ob es nicht doch zu gefährlichen Attacken kommt. Dann ist ein größeres Aquarium zu wählen oder die Tiere sind zu trennen.

Futter und nehmen kein Kunstfutter an. Am liebsten ziehen sie Posthorn- und Blasenschnecken aus ihren Gehäusen. Ebenso fressen sie lebende oder gefrorene weiße und rote Mückenlarven sowie lebende Wasserflöhe.

Zucht: Die Fische laichen in feinfiedrigen Pflanzen wie Javamoos ab. Die kleinen, durchsichtigen Eier kleben nicht, sondern fallen durch das Moos zu Boden. Für die gezielte Zucht nutzt man einen Laichrost mit etwas Moos darauf oder man stellt einen kleinen Behälter mit Moos ins Zuchtbecken, in dem die Fische ablaichen können. Die Eier kann man in kleineren Aquarien oder Einhängekästen gezielt zum Schlupf bringen und die Jungen darin aufziehen. Der Schlupf erfolgt nach etwa sechs Tagen. Am Anfang zehren die Jungen von ihrem Dottersack, nehmen aber bald Microwürmchen und später *Artemia*-Nauplien an. Nach zwei Monaten können sie über 1 cm groß sein und bereits kleine Mückenlarven fressen.

Ähnliche Arten: Der Rotaugen-Kammkugelfisch, *Carinotetraodon lorteti*, sowie die verwandte Art *C. irrubesco* sind ähnlich zu pflegen, benötigen jedoch etwas mehr Platz, da sie gut 5 cm beziehungsweise 7 cm groß werden und damit nur als Paar über längere Zeit in einem 30-l-Aquarium zu pflegen sind.

Zwergkrallenfrosch, *Hymenochirus boettgeri*

Beschreibung: Zwergkrallenfrösche gehören aufgrund der kleinen Krallen an den Zehen zu den Krallenfröschen. Die kleinen, nur bis zu 3,5 cm großen Tiere besitzen im Gegensatz zu ihren über 10 cm groß werdenden Verwandten der Gattung *Xenopus* Schwimmhäute zwischen den Zehen der Hinter- und Vorderfüße. Daran kann man diese friedlichen, schlanken und braun gemusterten Zwergkrallenfrösche gut erkennen. Weibchen werden etwas größer und fülliger als die Männchen. Außerdem besitzen sie hinten zwischen den Beinen einen kleinen Fortsatz.

Vorkommen: Zwergkrallenfrösche kommen aus Westafrika, zum Beispiel der Demokratischen Republik Kongo oder Kamerun.

Pflege: Das Aquarium für Zwergkrallenfrösche sollte zumindest zum Teil mit Pflanzen bis zur Wasseroberfläche eingerichtet werden, da die Frösche gern mit der Nase aus dem Wasser und auf Pflanzen abgestützt schlafen. Wurzeln und andere Einrichtungsgegenstände bilden Verstecke für die Frösche. Das Aquarium sollte gut abgedeckt sein, damit sie nicht auf Wanderschaft gehen. Die Filterung bewirkt eine möglichst geringe Strömung. Die Temperatur sollte zwischen 23 °C und 30 °C und der pH-Wert bei pH 7 liegen. Gefressen wird nahezu ausschließlich Lebendfutter. Am liebsten nehmen die Frösche wurmartiges Futter wie *Tubifex* und rote Mückenlarven an. Nach Gewöhnung fressen sie auch Frostfutter, doch nur sehr selten Kunstfutter.

Zucht: Männchen balzen in ihrem Revier Weibchen mit einem Lockruf an und umklammern sie dann von hinten. Beim Paarungsschwimmen an die Oberfläche werden rücklings nach gemeinsamem Luftholen fünf bis zehn Eier unter der Wasseroberfläche abgelegt. Insgesamt können so bis zu 200 Eier zusammenkommen, die etwa 1,5 mm groß sind. Für eine gezielte Aufzucht überführt man die Eier in ein gesondertes Aquarium. Am zweiten Tag erfolgt der Schlupf. Erstfutter sind Infusorien, wie etwa Pantoffeltierchen. Essigälchen und Mikrowürmchen können folgen, bis bald *Artemia*-Nauplien gefressen werden. Man füttert reichlich und führt häufig Wasserwechsel mit möglichst abgestandenem Wasser durch. Nach zwei Wochen

In Gesellschaft

Zwergkrallenfrösche sind langsame Fresser, was eine Vergesellschaftung mit dynamischeren Fischen ausschließt. Kleine Garnelen werden möglicherweise von den Fröschen erbeutet. Daher bietet sich ein Artbecken an.

Der flache, braun gemusterte Körper erinnert aufgrund der kleinen Warzen etwas an den der Kröten.

sind die Hinterbeine da, nach drei Wochen erscheinen bei den 1,5 cm großen Kaulquappen die Vorderbeine. Nach fünf bis sechs Wochen ist die Umwandlung angeschlossen und mit zwei Monaten ist der Zwergkrallenfrosch 2 cm groß.
Ähnliche Arten: *Hymenochirus curtipes* unterscheidet sich nur leicht im Aussehen, aber nicht in der Haltung und Zucht.

Tiere für das Aqua-Terrarium

Für das Aqua-Terrarium gibt es viele Möglichkeiten des Tierbesatzes. Insbesondere die Amphibien mit Fröschen, Kröten und Molchen bieten eine interessante Vielfalt an aquarientauglichen Arten, die allerdings vor allem der Terraristik zugeordnet werden. In diesem Aquaristikbuch möchte ich mich daher nur auf Fische und Wirbellose beschränken. Die aquatisch lebenden Zwergkrallenfrösche wurden bereits im letzten Kapitel behandelt.

Indischer Zwergschlammspringer, *Periophthalmus novemradiatus*

Beschreibung: Indische Zwergschlammspringer werden bis zu 7 cm groß. Die Augen der Schlammspringer sitzen oben am Kopf und bieten einen Rundumblick. Das große Maul hilft beim Durchkauen des Sands auf der Suche nach Fressbarem, beim Fressen großer Futterbrocken und beim Graben von Höhlen. Die Brustflossen sind kräftig ausgebildet, wodurch die Fische sich mit ihrer Hilfe aufstützen und krabbeln können. Die Bauchflossen sind zu einem Saugnapf angeordnet, mit dem sich die Tiere in der Natur an glatten Stämmen und Steinen und im Aquarium an der Scheibe festhalten können. Die Schwimmblase ist verkümmert, wodurch die Fische nicht frei im Wasser stehen können. Die Geschlechter sind bei ausgewachsenen Tieren gut zu unterscheiden, da die Männchen größere und kräftig rot gezeichnete Rückenflossen haben, deren erster Flossenstrahl verlängert ist. Diese meist angelegten Flossen werden jeweils für kurze Zeit aufgestellt, um Artgenossen zu imponieren. Der Artname *novemradiatus* rührt von den neun Strahlen der Rückenflosse her.
Vorkommen: Schlammspringer bewohnen die Küsten- und Mündungsgebiete von tropischen Flüssen und kommen dort vornehmlich in Mangrovenwäldern vor, wo sie sich an den Mangroven und auf dem zwischen den Wurzeln der Bäume befindlichen Schlick aufhalten. *Periophthalmus novemradiatus* kommt aus Indien.
Pflege: Bei der Einrichtung des Aquariums muss beachtet werden, dass die Fische Salz im Wasser benötigen. Die Konzentration kann durchaus mit

Landbewohner

Indische Zwergschlammspringer verbringen die meiste Zeit außerhalb des Wassers. Nur um ihre Kiemen und den Körper zu befeuchten, nehmen die Fische ein kurzes Bad oder rollen sich an Land in einer Pfütze. In einem 30-l-Becken kann ein Paar Zwergschlammspringer gepflegt werden. Es gibt Berichte, dass Schlammspringer handzahm geworden seien. Als gelehrige Tiere kann man sie sicherlich mit Futter bestechen, so dass sie auf die Hand hüpfen. Von der Vergesellschaftung von Schlammspringern mit Mangrovenkrabben ist abzuraten, denn entweder fressen die Fische irgendwann die frisch gehäuteten Krabben, oder die Krabben vergreifen sich an den Fischen. Kleine Winkerkrabben sind eher möglich, da sie sich von Detritus ernähren, den sie aus dem Schlamm kauen. Ob es klappt, hängt sicher von den Arten, der Beckengröße und -strukturierung sowie der Anzahl der Tiere ab.

Zwergschlammspringer-Männchen drohen durch Aufstellen der Rückenflosse.

30 g/l an Meerwasser heranreichen, sollte aber mindestens 5 g/l betragen. Es ist kein Problem, wenn sich die Salzkonzentration bei Wasserwechseln ändert. Die Schlammspringer erklimmen mit den Brustflossen höhere Steine und Wurzeln und können sehr gut springen. Mit dem aus den Bauchflossen gebildeten Saugnapf halten sie sich an der Scheibe fest und schaffen es so, oben aus einem offenen Becken zu entkommen, weshalb Aqua-Terrarien für Schlammspringer abgedeckt sein oder einen unüberwindlichen Rand haben müssen. Da sich Schlammspringer in der Natur Hohlen graben, sollten ihnen auch im Aquarium Verstecke zur Verfügung stehen. Nach unten offene Tonhöhlen sind gut geeignet. Aus diesen tragen sie Sand heraus und legen sie tiefer. Die Höhlen sind beliebte Rückzugsmöglichkeiten bei „Gefahr". Die Fütterung ist denkbar einfach und sollte vorwiegend tierisch erfolgen. Bei mir haben sich Cyclop Eeze, gefrorene *Cyclops* und Lobstereier sowie weiches Granulatfutter bewährt. Die zweimalige Fütterung von *Tubifex* war wohl der Grund für den baldigen Tod von fünf Tieren. Hier ist also Vorsicht geboten!
Zucht: Die Zucht im Aquarium ist leider noch nicht gelungen.
Ähnliche Arten: Ebenfalls kleinbleibend und friedlich ist die verwandte Art *Periophthalmus septemradiatus* mit sieben Flossenstrahlen und blauer Zeichnung in der Rückenflosse.

Krabben

Viele Krabbenarten bewohnen sowohl Land als auch Wasser. Einige Arten können sogar bei ausschließlicher Haltung unter Wasser regelrecht ertrinken. Daher bietet man ihnen einen Land- und einen Wasserteil an. Wichtig ist die lückenlose Abdeckung des Aquariums, denn Krabben sind hervorragende Kletterer und Ausbruchskünstler.

Vampirkrabbe, *Geosesarma* sp. „Vampir"

Beschreibung: Vampirkrabben sind farblich intensiv gezeichnet. Etwa die Hälfte des Rückenschilds ist gelb bis orange gefärbt, während die kräftigen Scheren und Beine eher ein dunkles Lila aufweisen. Die Augen sind orange. Männchen lassen sich wie bei allen Krabben einfach an den kräftigeren Scheren und dem spitzen, unter den Körper geschlagenen Schwanzteil erkennen. Die Körperbreite beträgt bis zu 25 mm.

Vampirkrabben benötigen Höhlen, in denen sie Schutz finden können. Die Höhlen sollten möglichst kleiner sein als die abgebildete.

Vorkommen: Vampirkrabben kommen wohl von einer Sulawesi vorgelagerten Insel. Sie leben landorientiert und graben sich Tunnelsysteme, in die sich insbesondere die Weibchen zurückziehen. Dass sie in der Natur auf Pflanzen und Bäume klettern, kann man im Aqua-Terrarium nachvollziehen, da sie dort ebenfalls gern höhere Pflanzen und Wurzeln erklimmen.
Pflege: Die landorientierten Krabben benötigen lediglich einen kleinen Wasserteil, der aus einer Schale bestehen kann, in der regelmäßig das Wasser gewechselt wird. Vampirkrabben fressen nur selten lebende Pflanzen, weshalb gestalterische Freiheit bei der Auswahl besteht. Da sie gern graben, sollte der Bodengrund entsprechend gewählt werden. Verfährt man wie im Kapitel über Aqua-Terrarien beschrieben, müssen trockene Versteckplätze gesondert angeboten werden, da sich die Tiere in der Regel nicht lang im Wasser aufhalten. Die Luftfeuchtigkeit sollte hoch sein und die Temperatur über 25 °C betragen. Gefressen wird sowohl verrottendes Laub als auch tierisches Futter. Lebende und ehemals gefrorene Mückenlarven und Wasserflöhe werden ebenso angenommen wie verschiedene Granulatfuttersorten und gefriergetrocknete Insektenlarven.
Zucht: Die Zucht ist verhältnismäßig einfach, wenn die Luftfeuchtigkeit hoch ist und die Weibchen Platz haben, sich während der Tragzeit der Eier zu verstecken. Aus den bis zu 80 etwa 2 mm großen Eiern schlüpfen fertig entwickelte Krabben mit einer Größe von knapp 2 mm. Erst mit einer Größe von 1 cm färben sich die braun gemusterten Jungtiere um. Das Wachstum erfolgt durch Häutung. In einem Aqua-Terrarium mit vielen Verstecken wachsen die Jungtiere bei ihren Eltern auf. Untereinander sind sie relativ friedlich.

In Gesellschaft

Vampirkrabben sind im Vergleich zu anderen Krabbenarten recht friedlich untereinander. So kann in einem 30-l-Becken mit vielen Versteckplätzen eine Gruppe von bis zu zehn Tieren bei Weibchenüberschuss gehalten werden. Die Vergesellschaftung mit anderen Tieren ist nicht ratsam.

Ähnliche Arten: Andere *Geosesarma*-Arten werden ähnlich gehalten, haben allerdings möglicherweise andere Ansprüche an Temperatur und Wasser sowie an die Versteckmöglichkeiten.

Rote Mangrovenkrabbe, *Pseudosesarma moeshi*

Beschreibung: Rote Mangrovenkrabben sind dunkelrot bis bräunlich gefärbt. Die Scherenarme sind rötlich mit hellen Enden der Scheren. Männchen lassen sich wie bei allen Krabben einfach an den kräftigeren Scheren und dem spitzen, unter den Körper geschlagenen Schwanzteil erkennen. Die Körperbreite beträgt bis zu 4,5 cm.
Vorkommen: Mangrovenkrabben kommen aus den Küstenregionen Asiens, wo verschiedene Arten leben. Rote Mangrovenkrabben besiedeln, wie der Name schon sagt, Mangrovenwälder und halten sich dort sowohl im Wasser als auch an Land und in der Ufervegetation auf. Sie sind gute Kletterer.
Pflege: Für die dauerhafte Pflege empfehlen sich ein leichter Meersalzzusatz zum Wasser oder die Verwendung von hartem Wasser. Da sich die Krabben von Grünzeug ernähren, werden Pflanzen kaum eine Chance haben. Das Aqua-Terrarium wird daher mit Steinen und Holz eingerichtet. Regelmäßige Wasserwechsel sind zu empfehlen. Mangrovenkrabben leben in gleichem Maße auf dem Land- und im Wasserteil, weshalb beide ähnlich groß ausgelegt sein sollten. Werden mehrere Tiere gehalten, müssen Versteckplätze angeboten werden, so dass sich die Krabben zur Häutung zurückziehen können. Sie sind untereinander aggressiv, weshalb je nach Aquariengröße nur wenige Tiere zu halten sind. Gefressen wird alles an Grün-, Lebend-, Frost- und Trockenfutter.
Zucht: Weibchen tragen viele hundert kleinste Eier unter dem Körper. Die daraus schlüpfenden winzigen Larven werden in der Natur in küstennahen Flüssen oder im Meer abgesetzt und wachsen im Brackwasser auf, das somit für die Zucht benötigt wird. Die Aufzucht mit feinstem Futter, regelmäßigem Wasserwechsel und ausreichend Platz für jede kleine Krabbe ist mehrfach gelungen, erfordert jedoch viel Aufmerksamkeit.
Ähnliche Arten: Es gibt weitere ähnlich zu haltende Mangrovenkrabben aus der Gattung *Pseudosesarma*.

In Gesellschaft

In einem 30-l-Becken sollten nicht mehr als ein Paar Mangrovenkrabben gehalten werden, da sie sich gegenseitig zur Häutung gefährlich werden können. Eine Vergesellschaftung mit Fischen oder anderen Arten schließt sich aufgrund des Platzes und der Agressivität der Krabben aus.

Rote Mangrovenkrabben halten sich auch außerhalb des Wassers auf.

Service

Literatur

Im Literaturverzeichnis möchte ich nur die mir wichtig erscheinende Literatur aufführen, die sich auch der Normalaquarianer kaufen kann oder auf die ein Zugriff über das Internet möglich ist. Neben den inzwischen in den einschlägigen Aquaristikmagazinen erschienenen Artikeln über Nano-Aquaristik gibt es nur sehr wenige Bücher über dieses Thema, die nachfolgend aufgeführt sind.

Nano-Aquaristik

GECK, J., & U. SCHLIEWEN (2008): Nano-Aquarien. München.
In kompakter Form werden auf knapp 60 reich bebilderten Seiten die wesentlichen Aspekte der Nano-Aquaristik beleuchtet.

KLINGBEIL, B. (2009): Nano-Süßwasseraquarien. Münster.
Das Buch liefert einen nanoaquaristischen Rundumschlag.

LUKHAUP, C., & R. PEKNY (Hrsg.) (2008): Nano-Fibel. Ettlingen.
Das Buch beschäftigt sich auf über der Hälfte der Seiten mit Krebsen, Garnelen und Schnecken und nur auf wenigen Seiten mit Fischen. Daher ist es eher für Anfänger in der Nano-Aquaristik geeignet, die ihren Schwerpunkt auf Wirbellose legen wollen.

SCHLIEWEN, U. (2004): Kleine Aquarien. München.
Eher stichpunktartig und mit Fragestellungen werden Aquarien bis 60 l Inhalt vorgestellt. Das Buch stammt aus der Zeit, als kleine Aquarien noch 60 cm groß waren und der Begriff Nano-Aquaristik unbekannt war.

Tiere und Pflanzen

QUANTE, K. (2008): Garnelen und Krebse im Aquarium. Stuttgart.
Ergänzend zu diesem Buch werden hier weitere Garnelen und Krebse vorgestellt.

KASSELMANN, C. (2009): Taschenatlas Aquarienpflanzen. Stuttgart.
Es werden 200 Pflanzen in Wort und Bild beschrieben und ein praxisbezogener Überblick über die beliebtesten und wüchsigsten Aquarienpflanzen gegeben.

ANDREWS, C., A. EXELL & N. CARRINGTON (2005): Fischkrankheiten. Stuttgart.
Das umfangreiche Werk über Wasserchemie und Fischkrankheiten ist aufgrund der Fachbegriffe nicht immer ganz einfach zu verstehen, aber dennoch empfehlenswert.

Internet

Aufgrund der Schnelllebigkeit des Mediums Internet beschränke ich mich auf wenige Hinweise, die jedoch mit ihren Linklisten Ausgangspunkt für weitere Seiten sind.

www.aquarienclub.de: Die Seite des Aquarienclub Braunschweig e. V. bietet mit dem Online-Vereinsmagazin Fishlight eine Fülle von aquaristischen Artikeln auch zum Thema Nano-Aquaristik sowie ein Aquarienfisch-Lexikon.

www.aquaristik-consulting.de: Auf meiner aquaristischen Internetseite stelle ich meine Erfahrungen aus Jahrzehnten der Aquaristik vor und gebe weitere Tipps zur Haltung und Zucht vieler Tiere auch für Nano-Aquarien, die in diesem Buch keinen Platz mehr gefunden haben.

www.aquarium-guide.de : Auf sehr ansprechende Weise stellt Roland Selzer auf seinen Seiten viele Tiere, Pflanzen und Technik vor. Außerdem gibt es ein Magazin und ein Lexikon für Fachbegriffe.

www.aquariummagazin.de: Das Online-Aquarium-Magazin (OAM) bietet monatlich kostenlos eine Vielzahl von Artikeln zum Download an.

www.forumnanoaquaristik.de: Im Internetforum für Nanoaquaristik tauschen sich Einsteiger und Spezialisten aus und stellen Tiere und Pflanzen in Porträts vor.

www.minifische.de: Nach Klassen gruppiert stellt Gerald Gantschnigg auf seiner Seite viele Fischarten für Nano-Aquarien vor und verweist auf entsprechende weiterführende Seiten.

www.tuempeln.de: Die Seiten von Christian Westhäuser beschäftigen sich vornehmlich mit dem Fang und der Zucht von Lebendfutter.

www.vda-online.de: Die Seite des Verbandes Deutscher Vereine für Aquarien- und Terrarienkunde e. V. ist Ausgangspunkt für die Suche nach Aquarienvereinen und Fischzüchtern.

www.weichwasserfische.de: Auf der Seite von Michael Schlüter werden viele kleine Weichwasserfische vorgestellt und diverse Infos zur Aquaristik gegeben.

www.wirbellose.de: Meine Internetseite über wirbellose Tiere des Süßwassers bietet neben der umfangreichen Artendatenbank auch Erfahrungsberichte, Kleinanzeigen und eine Mailingliste für Wirbellosen-Verrückte.

Vereine

Der **Verband Deutscher Vereine für Aquarien- und Terrarienkunde e. V.** (VDA, www.vda-online.de) hat über seine Vereine und Arbeitskreise ein umfassendes Angebot für Aquarianer.

Der **Arbeitskreis Wirbellose in Binnengewässern** (AKWB, www.wirbellose.de) ist dem VDA angeschlossen und als überregionaler Verein mit verschiedenen Regionalgruppen tätig.

Register

Bildquellen

Alle Fotos einschließlich des Titelfotos stammen vom Autor, mit Ausnahme der folgenden: Herder, F., S. 72; Mayland, H. J., S. 65; Merino, J. C., S. 63; Schäfer, F., S. 68. Grafiken: Gehring, O., S. 13, 37, 38; Kokoscha, M., S. 17.

Bibliografische Information der Deutschen Nationalbibliothek
Die Deutsche Nationalbibliothek verzeichnet diese Publikation in der Deutschen Nationalbibliografie; detaillierte bibliografische Daten sind im Internet über http://dnb.d-nb.de abrufbar.

Wollgrasweg 41, 70599 Stuttgart (Hohenheim)
E-Mail: info@ulmer.de
Internet: www.ulmer.de
Lektorat: Michael Kokoscha, Dr. Eva-Maria Götz
Herstellung: Michael Kokoscha, Thomas Eisele
Umschlagentwurf: Atelier Reichert
Druck und Bindung: Firmengruppe APPL, aprinta Druck, Wemding
Printed in Germany

ISBN 978-3-8001-5983-3